Y. P. GHAUVA
N. M. KACHHADIYA
B. V. PATOLIYA

BIOPESTICIDAS FÚNGICOS CONTRA O Pulgão Lipaphis erysimi EM CABAÇA

Y. P. GHAUVA
N. M. KACHHADIYA
B. V. PATOLIYA

BIOPESTICIDAS FÚNGICOS CONTRA O Pulgão Lipaphis erysimi EM CABAÇA

bioeficácia dos biopesticidas fúngicos contra o pulgão Lipaphis erysimi (Kaltenbach) que infesta a cabaça

Imprint

Any brand names and product names mentioned in this book are subject to trademark, brand or patent protection and are trademarks or registered trademarks of their respective holders. The use of brand names, product names, common names, trade names, product descriptions etc. even without a particular marking in this work is in no way to be construed to mean that such names may be regarded as unrestricted in respect of trademark and brand protection legislation and could thus be used by anyone.

Cover image: www.ingimage.com

This book is a translation from the original published under ISBN 978-620-7-45691-8.

Publisher:
Sciencia Scripts
is a trademark of
Dodo Books Indian Ocean Ltd. and OmniScriptum S.R.L publishing group

120 High Road, East Finchley, London, N2 9ED, United Kingdom
Str. Armeneasca 28/1, office 1, Chisinau MD-2012, Republic of Moldova, Europe
Printed at: see last page
ISBN: 978-620-7-61758-6

ÍNDICE

bioeficácia dos biopesticidas fúngicos contra o pulgão *Lipaphis erysimi* (Kaltenbach) que infesta a cabaça

RESUMO

Foram realizadas investigações sobre o pulgão da couve, *Lipaphis erysimi* (Kaltenbach), para determinar a bioeficácia dos biopesticidas isolados e em combinação com insecticidas contra esta praga na quinta de instrução, Faculdade de Agricultura, Universidade Agrícola de Junagadh, Junagadh, durante o *rabi de* 2011-12.

A investigação sobre a eficácia no campo de biopesticidas isolados e em combinação com insecticidas indicou que os tratamentos de acetamipride 0,004 por cento e metil-o-demetão 0,025 por cento foram considerados mais eficazes para o controlo de *L. erysimi*. Os melhores tratamentos seguintes foram *Verticillium lecanii* (Zimmerman) @ 1,0 kg/ha + acetamipride 0,002 por cento, *Beauveria bassiana* (Balsamo) @ 1,25 kg/ha + acetamipride 0,002 por cento, *V. lecanii* @ 1,0 kg/ha + metil-o-demetão 0,012 por cento, *B. bassiana* @ 1,25 kg/ha + metil-o-demetão 0,012 por cento. O *Metarhizium anisopliae* (Metchnikoff) sozinho ou combinado com insecticidas foi considerado menos eficaz.

Considerando a eficácia, o rendimento e a economia de diferentes tratamentos, o tratamento de *V. lecanii* @ 1,0 kg/ha combinado com acetamipride 0,002 por cento ou metil-o-demetão 0,012 por cento e *B. bassiana* @ 1,25 kg/ha combinado com acetamipride 0,002 por cento ou metil-o-demetão 0,012 por cento, foram considerados tão eficazes e económicos como os insecticidas sintéticos recomendados *viz*, acetamipride 0,004 por cento e metil-o-demetão 0,025 por cento, e podem ser recomendados para a gestão ecológica de *L. erysimi* no ecossistema da couve, quando foram aplicados primeiro quando a praga atingiu o ETL (1,5 índice de pulgões/planta) e a segunda pulverização 15 dias após a primeira pulverização.

O resultado dos bioensaios laboratoriais confirmou o resultado da eficácia no terreno do biopesticida isolado e da sua combinação com insecticidas contra *L. erysimi*.

A resposta sinérgica de baixa taxa de *V. lecanii* (1,0 kg/ha) e dose sub-letal de acetamipride 0,002 por cento ou metil-o-demetão 0,012 por cento mostrou o sinergismo mais positivo até 7 dias de tratamento, seguido pelas combinações de *B. bassiana* (1,25 kg/ha) + acetamipride 0,002 por cento ou metil-o-demetão 0,012 por cento.

A investigação laboratorial sobre a eficácia de biopesticidas combinados entre si resultou em que a *B. bassiana* combinada com *V. lecanii* em dose elevada (2 g/l) provou ser eficaz no aumento da mortalidade ninfal de *L. erysimi*, seguida pela *V. lecanii* combinada com *M. anisopliae* em dose elevada (2 g/l). Assim, o *V. lecanii* combinado com *B. bassiana* ou *M. anisopliae* foi mais virulento para *L. erysimi*.

INTRODUÇÃO

A palavra couve (botanicamente *Brassica oleracea* (Linnaeus), grupo capitata) designa várias plantas folhosas de jardim de origem mediterrânica. Estas pequenas plantas têm um caule curto e uma cabeça globular de folhas verdes a púrpura, firmemente sobrepostas. Esta cultura de clima frio é um membro da família da mostarda, que também inclui legumes como a couve-galega, os brócolos, as couves-de-bruxelas, a couve-flor e a couve-rábano. Todos os membros da família diferem em termos de forma e cor. Alguns são achatados ou redondos, enquanto outros são cónicos. No que respeita às cabeças, são compactas ou soltas.

A palavra "couve" deriva da palavra francesa Coboche, que significa cabeça. A couve pertence à família Cruciferae, ao género *Brassica*, à espécie *oleracea* e à variedade *capitata*. É uma das mais antigas culturas bienais de legumes cultivadas em toda a Índia. É também cultivada em hortas e em hortas de camiões.

A couve é um dos legumes mais cultivados na zona temperada. Este legume de clima frio é conhecido pela sua "cabeça" em forma de bola, que é consumida tanto crua como cozinhada. As plantas de couve crescem numa roseta perto do solo ou num caule curto. As couves diferem no seu aspeto físico. As suas folhas podem variar de lisas a enrugadas, de verdes a vermelhas.

Em termos gerais, as variedades de couve dividem-se em dois grupos: precoces e tardias. As variedades precoces amadurecem em cerca de 45 dias, ao passo que o período de maturação é de cerca de 87 dias para as variedades tardias.

A couve é pobre em gordura saturada, colesterol, rica em fibra alimentar, vitamina C, vitamina K, folato, potássio, manganês, vitamina A, tiamina, vitamina B6, cálcio, ferro e magnésio.

É utilizado como salada, legume cozido, cozinhado em caril, em conserva e em legumes desidratados. É principalmente utilizado como artigo culinário e dietético. É utilizado sozinho ou misturado com batatas para fins hortícolas.

O sabor especial da cabeça de couve deve-se ao glucósido sinigrina, que também contém enxofre (Aykroyed *et al.*, 1962; Watt e Merrill, 1964). A cabeça de couve é rica em minerais e vitaminas, *nomeadamente* A, B, B₂ e C. Tem um efeito refrescante e ajuda a prevenir a obstipação, aumenta o apetite, acelera a digestão e é muito útil para os doentes com diabetes. O cultivo da couve era limitado até aos anos sessenta, mas com a popularização da comida rápida e a consciencialização do seu elevado valor nutritivo, há um enorme aumento da área cultivada de couve. A cultura da couve é cultivada nos cinco continentes, incluindo a Ásia. A Índia ocupa o lugar seguinte ao da China em termos de produção na Ásia. Na Índia, a área total cultivada de couve é de cerca de 3,69 lakh hectare, com uma produção total de 79,491 lakh tone e uma produtividade de 21 500 kg por hectare (Anon., 2011).

Os principais Estados produtores de couves na Índia são Gujarat, Uttar Pradesh, Orissa, Bihar, Bengala Ocidental, Assam, Maharashtra e Karnataka. Em Gujarat, a cultura da couve é praticada em quase todos os distritos, principalmente nos distritos de Sabarkantha, Banaskantha, Rajkot, Kheda, Gandhinagar, Junagadh, Ahmadabad e Anand e, em menor escala, na região do Sul de Gujarat. Em Gujarat, a área total cultivada de couve é de cerca de 28 200 hectares, com uma produção total de 5,53 lakh toneladas e uma produtividade média de cerca de 18 230 kg por hectare (Anon., 2011). É uma cultura hortícola *rabi de* bom rendimento e remuneradora. Esta cultura é atacada por 375 espécies de pragas de insectos. Na Índia, as pragas de insectos maiores e menores que atacam esta cultura são as seguintes (Oatman e Plantner, 1969).

(1) Afídeos: a) *Lipaphis erysimi* (Kaltenbach)

      (b) *Brevicoryne brassicae* (Linnaeus)

      (c) *Myzus persicae* (Sulzer)

(2) Inseto pintado: *Bagrada cruciferarum* (Kirkaldy)

(3) Tripes: *Thrips tabaci* (Lindeman)

(4) Traça-das-costas: *Plutella xylostella* (Linnaeus)

(5) Broca da cabeça do repolho: *Helicoverpa armigera* (Hubner)

(6) Prodenia: *Spodoptera litura* (Fabricius)

(7) Verme da couve verde: *Pieris rapae* (Linnaeus)

(8) Semi-lóculos de couve: *Plusia orichalcea* (Fabricius)

(9) Lagarta da couve: *Pieris brassicae* (Linnaeus)

(10) Broca do caule da couve: *Hellula undalis* (Fabricius)

A gama de hospedeiros do afídeo *L. erysimi* foi referida por vários cientistas, que concluíram que a couve é o hospedeiro preferido desta praga. O estudo do ciclo de vida feito em couve, mostarda, couve-flor, rabanete e nabo indicou que se registou uma fecundidade elevada e um período de desenvolvimento curto na couve e na mostarda, em vez de noutras plantas hospedeiras, o que justifica este facto (Sachan e Bansal, 1975; Dilawari e Dhaliwal, 1988; Dilawari e Atwal, 1987).

Entre as pragas registadas, os afídeos causam perdas qualitativas e quantitativas à couve na região de Saurashtra. Tanto as ninfas como os adultos sugam a seiva celular das partes tenras das plantas, podendo observar-se numerosas colónias de afídeos nas folhas. A melada produzida por um tão grande número de indivíduos cobre praticamente toda a superfície das folhas tenras e desenvolve-se uma espécie de bolor negro que interfere com a atividade fotossintética da planta. A atmosfera nublada e húmida é a mais adequada para o seu desenvolvimento e multiplicação, o que resulta em grandes perdas de rendimento (Mathur e Upadhyay, 1996). Os afídeos da couve têm sido observados como a praga sugadora mais destrutiva e de ocorrência regular em todo o mundo (Sharma e Bhalla, 1964). A perda estimada de rendimento devido ao afídeo *Lipaphis erysimi* (Kalt.) na cultura da couve foi registada entre 47,1 e 96,0 por cento (Bakhetia, 1986; Suri *et al.*, 1988).

A couve é cultivada principalmente durante a estação *rabi* na região de Saurashtra, no Estado de Gujarat. Devido à elevada produtividade por unidade de área e à procura no mercado, é considerada uma cultura mais rentável. Mas devido à incidência do afídeo, o crescimento das plantas é gravemente afetado, o que não só reduz o rendimento como também o preço de mercado da cabeça de couve. Assim, os agricultores têm de suportar pesadas perdas monetárias. A gestão do afídeo através de insecticidas eficazes foi recomendada por vários investigadores. Mas, hoje em dia, a utilização indiscriminada de insecticidas tem criado muitos efeitos adversos que resultam em problemas ambientais, de saúde, perigos e má qualidade devido aos resíduos químicos, especialmente na couve. Por conseguinte, é necessário substituir o método químico por um método não químico para um controlo eficaz sem efeitos nocivos. É mais do que tempo de utilizar instrumentos alternativos respeitadores do ambiente, como os biopesticidas, para a gestão das pragas de insectos e, em última análise, para obter uma qualidade de repolho de exportação sem insecticidas.

Por conseguinte, o presente estudo foi realizado com os seguintes objectivos

1. Bioeficácia de biopesticidas fúngicos isolados e em combinação com insecticidas contra *L. erysimi* em couve, em condições de campo.

2. Bioeficácia de biopesticidas fúngicos isolados e em combinação com insecticidas contra *L. erysimi* em condições laboratoriais.

3. Bioeficácia de biopesticidas fúngicos combinados contra *L. erysimi* em condições laboratoriais.

II REVISÃO DA LITERATURA

2.1 Bioeficácia de *Beauveria bassiana* (Balsamo) Vuillemin, *Verticillium lecanii* (Zimmerman) e *Metarhizium anisopliae* (Metchnikoff) Sorokin, isoladamente e em combinação com insecticidas, contra *L. erysimi* em couve, em condições de campo

Borad *et al.* (1991) referiram que os insecticidas monocrotofos 0,036 por cento, quinalfos 0,05 por cento, metil-o-demetão 0,025 por cento, dimetoato 0,03 por cento, fenvalerato 0,01 por cento e deltametrina 0,0015 por cento reduziram significativamente a população de *L. erysimi* na couve após 24 horas de aplicação.

De acordo com Basavaraju *et al.* (1995), uma pulverização de oxidemetão-metilo 0,04 por cento ou acefato 0,10 por cento foi considerada eficaz para o controlo de *L. erysimi*.

De acordo com Kumar *et al.* (1996), o clorpirifos a 0,05 por cento, o metil-o-demetão a 0,05 por cento e o monocrotofos a 0,04 por cento revelaram-se os mais eficazes contra o pulgão da mostarda, *L. erysimi*.

Sikha e Borah (1999) referiram que os insecticidas deltametrina 0,0015 por cento, fosfamidão 0,04 por cento, dimetoato 0,03 por cento, oxidemetão-metilo 0,05 por cento controlavam eficazmente o pulgão da mostarda, *L. erysimi*.

De acordo com Vekaria e Patel (2000), a pulverização de dimetoato 0,03 por cento + sulfato de nicotina 0,05 por cento e metil-o-demetão 0,025 por cento + neemol 0,5 por cento manteve a população de afídeos abaixo do nível do limiar económico durante a fase de desenvolvimento da vagem da mostarda.

De acordo com Gami *et al.* (2002), metil-o-demetão 0,025 por cento, carbosulfan 0,04 por cento, parationa metílica 2 por cento de pó @ 25 kg/ha e monocrotofos 0,04 por cento foram altamente eficazes contra o pulgão da mostarda, *L. erysimi.* Duas pulverizações de
metil-o-demetão 0,025 por cento deram o rendimento máximo de sementes de mostarda (1575 kg/ha).

Rana e Singh (2002) avaliaram a eficácia de *V. lecanii* no pulgão da mostarda, *L. erysimi.* Verificou-se que a utilização de uma suspensão de conídios a 10^6 esporos por mililitro proporcionou uma redução significativa do afídeo após 10 dias de pulverização.

Srivastava e Jyoti (2003) referiram que o inseticida oxydemeton-o-methyl 0,025 por cento foi o mais eficaz para o controlo do pulgão da mostarda, *L. erysimi,* na cultura da mostarda.

Quanto à eficácia e economia dos insecticidas politrin-C 0,04 por cento ou acefato 0,05 por cento ou imidaclopride 0,005 por cento ou metil-o-demetão 0,03 por cento ou carbosulfan 0,03 por cento foram recomendados para o controlo do pulgão da mostarda, *L. erysimi* com NICBR de 1: 8,65, 1: 7,92, 1: 6,68, 1: 4,92 e 1: 4,17, respetivamente (Anon., 2004).

Rohila *et al.* (2004) estudaram a bioeficácia de dez insecticidas contra o pulgão da mostarda, *L. erysimi.* Entre os tratamentos, verificou-se que imidaclopride 0,005 por cento ou tiametoxame @ 50 g a.i. /ha ou metil-o-demetão 0,025 por cento ou monocrotofos 0,04 por cento eram eficazes contra o pulgão da mostarda.

Seis concentrações de conídios de *V. lecanii viz.*, 0, 10^4 , 10^5 , 10 , 10^{67} e 10^8 por mililitro foram testadas contra o terceiro estágio ninfal do pulgão da mostarda, *M. persicae* por Ashouri *et al.*, (2004). Eles relataram que a mortalidade percentual foi observada por 10^7 e 10^8 conídios por mililitro após 12 dias de aplicação.

De acordo com Neerja *et al.* (2005), o tratamento com metil-O-demetão 0,025 por cento foi o mais eficaz para o controlo do pulgão da couve, *L. erysimi.*

Rangrez *et al.* (2005) realizaram um ensaio de campo para determinar a economia da proteção da cultura da colza, expondo a cultura à infestação do pulgão da mostarda, *Lipaphis erysimi* (Kalt.), e criando os níveis de infestação através da pulverização da cultura com vários insecticidas, *nomeadamente* carbofurão (1,5 kg a.i. /ha), endosulfan (0,05 por cento), oxidemetão-metilo (0,025 por cento), forato (1,5 kg a.i. /ha) e fosalona (0,05 por cento). Entre os insecticidas avaliados, o oxidemetão-o-metilo (0,025 por cento), independentemente do momento da aplicação, revelou-se superior na proteção da perda de rendimento da cultura. No entanto, os restantes insecticidas também reduziram significativamente o rendimento da cultura em comparação com o controlo (pulverização com água), mas o carbofurão (1,5 kg a.i. /ha) foi considerado antieconómico no que diz respeito à gestão deste afídeo nesta cultura.

Quando a mostarda foi pulverizada foliarmente a 75 por cento da floração, os tratamentos de tiametoxame 0,003 por cento, imidaclopride 0,004 por cento e metil-o-demetão 0,05 por cento proporcionaram um melhor controlo do pulgão, *L. erysimi.* (Sachan *et al.*, 2006).

Parmar e Kapadia (2007) estudaram a eficácia de micoinseticidas e insecticidas químicos contra *L. erysimi* que infestava a mostarda indiana. Os tratamentos incluíram *V. lecanii* @ 2,0 kg/ha, *B. bassiana* @2,5 kg /ha, imidaclopride 0,005 por cento, acefato 0,05 por cento, *V.*

lecanii @ 1,0 kg/ha + imidaclopride 0,0025 por cento, *V. lecanii* @ 1,0 kg/ha + acefato 0,025 por cento, *B. bassiana* @ 1,25 kg/ha + imidaclopride 0,0025 por cento, *B. bassiana* @ 1,25 kg/ha + acefato 0,025 por cento, azadiractina 0,000375 por cento, imidaclopride 0,005 por cento e acefato 0,05 por cento foram os mais eficazes contra o pulgão, *L. erysimi*. Além disso, o *V. lecanii* a meia concentração com acefato 0,025 por cento ou imidaclopride 0,0025 por cento a metade da dose recomendada foi tão eficaz e económico como os insecticidas químicos recomendados, ou *seja*, acefato 0,05 por cento e imidaclopride 0,005 por cento.

De acordo com Parmar *et al.* (2007), o tratamento de acefato a 0,05 por cento registou a menor perda de rendimento de 11 por cento, seguido de *V. lecanii* @ 1,0 kg/ha + imidaclopride 0,0025 por cento (14 % de perda) e *V. lecanii* @ 1,0 kg/ha + acefato 0,025 por cento (20 %). Foi observada uma perda evitável mais elevada (38 a 55%) no tratamento de *V. lecanii* @ 2,0 kg/ha, *B. bassiana* @ 2,5 kg/ha e azadiractina 0,000375 por cento.

Singh e Verma (2008) afirmaram que o acetamipride 0,04 por cento, o dimetoato 0,03 por cento e o imidaclopride 0,05 por cento provocaram 91,73, 88,73 e 86,02 por cento de mortalidade do pulgão da mostarda, *L. erysimi,* após 7 dias de pulverização.

Dhaka *et al.* (2009) testaram a eficácia de novos insecticidas contra *L. erysimi* e concluíram que o acetamipride 20 SP @ 125 g a.i./ha provou ser o melhor inseticida, seguido do acefato, tiametoxame, imidaclopride, profenofos, dimetoato e oxidemetão-metilo para a gestão do afídeo.

Patel e Patel (2010) testaram a eficácia de diferentes formulações à base de nim (extrato de semente de nim, óleo de nim e azadiractina) e fungos entomopatogénicos (*V. lecanii*) contra a mostarda infestada por *L. erysimi*. Todos os tratamentos reduziram significativamente a infestação de pulgões em comparação com o controlo não tratado.

Singh e Lai (2011) referiram que o oxydemeton methyl 0,05 por cento foi considerado o mais eficaz, resultando num rendimento significativamente mais elevado em comparação com outros tratamentos. Os tratamentos que incluem o controlo mecânico, botânico e biológico foram considerados a melhor alternativa ao controlo químico para a gestão do pulgão da mostarda.

2.2 Bioeficácia de *B. bassiana*, *V. lecanii*, *M.* anisopliae isoladamente e em combinação com insecticidas contra *L. erysimi* em couve, em condições laboratoriais

A pulverização aquosa de esporos do fungo entomopatogénico *V. lecanii* eliminou populações baixas de *M. persicae* em crisântemos em pequenas estufas e proporcionou um controlo alternativo de *M. persicae,* se os fungicidas para o controlo de doenças fitopatogénicas fossem cuidadosamente seleccionados (Hall, 1976).

Jackson *et al.* (1985) efectuaram testes de bioensaio em laboratório para determinar a virulência de 18 isolados do fungo entomopatogénico *V. lecanii* recolhidos principalmente de insectos hospedeiros e do solo de vários locais em todo o mundo contra *Macrosiphoniella sanborni.* O isolado mais virulento alcançou 100% de mortalidade e teve um LT_{50} para adultos de 3 dias a 24°C, enquanto os isolados menos virulentos causaram mais de 10% de mortalidade em 14 dias, quando tratados com um inóculo de 1×10^6 esporos por mililitro.

De acordo com Harper e Huang (1986), *V. lecanii* foi patogénico para quatro espécies de afídeos, *A. pisum*, *M. persicae*, *Metopolophium dirhodum* e *Therioaphis maculata* em condições controladas. A gama de redução da população de afídeos causada por *V. lecanii* foi de 60 a 97 para *A. pisum*, 50 a 100 para *M. persicae*, 32 a 85 para *M. dirhodum* e 37 a 75 por cento para *T. maculata*.

Harper e Huang (1987) relataram que *V. lecanii* isolado do solo reduziu significativamente a população do pulgão verde do pêssego, *M. persicae*.

O fungo isolado, *V. lecanii*, de ninfas mortas e adultos do afídeo *Sitobion avenae* do trigo e do milho provocou 53% de mortalidade do afídeo (Ozino *et al.*, 1987).

Sukhova (1987) referiu que *V. lecanii* e *B. bassiana* controlavam 98% dos afídeos, *M. persicae*.

Chandler (1992) desenvolveu um bioensaio para a patogenicidade de conidiósporos de *V. lecanii* contra o pulgão da raiz da alface, *P. bursarius*, e verificou que dois isolados de *V. lecanii* eram semanticamente patogénicos contra pulgões, *P. bursarius*.

Hayden *et al.* (1992) testaram a virulência dos fungos entomógenos, *V. lecanii* e *B. bassiana*, contra o pulgão do grão inglês, *S. avenae* e relataram que *V. lecanii* foi o mais virulento (LT_{50} = 2,4 dias), enquanto *B. bassiana* teve um LT_{50} de 9,5 dias.

Miranpuri e Khachatourians (1993) determinaram o impacto de *B. bassiana* em plantas de canola infestadas por *M. persicae*. Três isolados de *B. bassiana* derivados de homópteros, SG 8601, DN 8801 e DN 8804, foram pulverizados duas vezes a 10^8 esporos por mililitro.

Seis dias após a aplicação de 1ˢᵗ esporo, 72 a 86% de mortalidade de pulgões foi resultante, em comparação com 5% no controlo.

Sitch e Jackson (1997) testaram a patogenicidade de dois isolados de *V. lecanii* relativamente a seis espécies de afídeos em bioensaios. Todas as espécies de afídeos visadas foram susceptíveis a pelo menos um isolado. *M. persicae* apresentou a suscetibilidade máxima e não se registou qualquer perda de esporos desta praga durante 24 horas.

Askary *et al.* (1998) investigaram a patogenicidade do hifomiceto *V. lecanii* em condições laboratoriais. A concentração letal mediana estimada necessária para atingir 50% de mortalidade, o tempo letal mediano que leva a 50% de mortalidade e a taxa líquida de reprodução dos afídeos indicaram que Vertalec e a estirpe 198499 eram mais virulentas para os afídeos do que a estirpe 216596.

Chinnabhai *et al.* (1999) estudaram a eficácia de cinco insecticidas contra o pulgão da mostarda, *Lipaphis erysimi* (Kalt.), em bioensaios laboratoriais com as concentrações recomendadas. O acetamipride, a 0,02%, foi o inseticida que provocou a mortalidade mais elevada (87,95%) 24 horas após o tratamento, sendo significativamente superior a todos os outros insecticidas. O Polytrin-C (uma mistura de clorpirifos e cipermetrina) a 0,06% e o imidaclopride (0,017%), que provocaram uma mortalidade de 71,25% e 66,25%, respetivamente, revelaram-se as alternativas menos eficazes ao acetamipride para o controlo de *L. erysimi*. O clorpirifos foi considerado o menos eficaz, sendo o mínimo no profenofos (0,04 %) e o máximo no acetamipride.

Ekesi *et al.* (2000) testaram a patogenicidade de quatro isolados de fungos, *B. bassiana* a adultos ápteros de *A. craccivora* em laboratório. O isolado *B. bassiana* CPD 11 causou uma mortalidade significativamente mais elevada do que os outros isolados testados em várias concentrações, causando uma mortalidade entre 58 e 91% a 7th no dia do pós-tratamento.

Ranarahu *et al.* (2004) referiram que sete combinações de insecticidas, nomeadamente viraat 23 CE (quinalfos 20 % + cipermetrina 3 %), anaconda 55 CE (clorpirifos 50 % + cipermetrina 5 %), spark 36 CE (triazofos 35 % + deltametrina 1 %), sherlone 29 CE (fosalona 24 % + cipermetrina 5 %) koranda 28 CE (acefato 25 % + fenvalerato 3 %), polytrin-C 44 CE (profenofos 40 % + cipermetrina 4 %), phosopu 30 CE (monocrotofos 25 % + cipermetrina 5 %) e dois insecticidas convencionais, nomeadamente, O metil-o-demetão 25 CE e o triazofos 40 CE foram testados em laboratório quanto à sua persistência contra o pulgão da mostarda, *Lipaphis erysimi* (Kalt.), e os resultados revelaram que o metil-o-demetão foi o inseticida mais persistente, seguido do viraat, triazofos, anaconda, sherlone, polytrin-C, fosopu, koranda e spark.

Vekaria e Patel (2005) estudaram a eficácia de diferentes insecticidas químicos e botânicos, ou seja, dimetoato (0,03 %), metil-o-demetão (0,025 %), sulfato de nicotina (0.05 %), neemol (0,5 %, amrutguard (0,5 %), nimbecidina (0,5 %), neembosol (0,5 %), parsmani (0,5 %) e neemark (0,5 %), contra o pulgão da mostarda, *L. erysimi*, em condições laboratoriais. Os autores referiram que a mortalidade dos afídeos aumentava com o aumento do intervalo de tempo após a pulverização. O metil-o-demetão e o dimetoato exerceram um efeito de eliminação das ninfas de terceiro instar, o que foi evidente pela mortalidade de mais de 85% registada 12 horas após a aplicação.

Parmar *et al.* (2008) estudaram o efeito cumulativo de *V. lecanii* contra *L. erysimi* em mostarda em condições laboratoriais. Os resultados mostraram que houve um aumento consistente da mortalidade ninfal em todos os quatro estádios ninfais, quando lhes foi permitido alimentarem-se durante um dia em folhas de mostarda tratadas com *V. lecanii* a 2,0 g/litro. A mortalidade em todos os instares ninfais variou de 44,67 a 75,20% após 10 dias de pulverização. As ninfas de primeiro e segundo instares foram consideradas mais susceptíveis do que as ninfas de terceiro e quarto instares. A mortalidade cumulativa (ninfa + adulto) variou de 65,50 a 86,50, com uma média de 77,16%.

Singh *et al.* (2008) avaliaram três bioagentes, nomeadamente *Coccinella septempunctata* (Linnaeus), *Chrysoperla carnea* (Stephens) e *V. lecanii* contra o pulgão da mostarda, *L. erysimi*, em condições de campo cobertas por uma rede. Eles relataram que *C. septempunctata* @ 5.000 besouros/ha foi considerado o mais eficaz, reduzindo 88,17% da população de pulgões após 10 dias de liberação, seguido por *V. lecanii* @ 10^8 esporos/ml (75,79%) e *C. septempunctata* @ 3.000 besouros/ha (65,46%). O rendimento máximo foi registrado com a liberação de *C. septempunctata* @ 5.000 besouros/ha, seguido por *V. lecanii* @ 10^8 esporos/ml e *C. septempunctata* @ 3.000 besouros/ha.

2.3 Bioeficácia de *B. bassiana*, *V. lecanii*, *M. anisopliae* em combinação entre si contra *L. erysimi* em couve em condições laboratoriais

As informações sobre este aspeto da investigação são escassas.

III. MATERIAIS E MÉTODOS

As presentes investigações sobre a "Bioeficácia dos biopesticidas isolados e da combinação de insecticidas contra *L. erysimi*" foram realizadas na quinta da faculdade, bem como no laboratório do Departamento de Entomologia, Faculdade de Agricultura, Universidade Agrícola de Junagadh, Junagadh, durante o *rabi* de 2011-12. Os materiais utilizados e a metodologia adoptada para as presentes investigações sobre vários aspectos são os seguintes

3.1 Manutenção da cultura

A cultura de *L. erysimi* foi mantida no laboratório para fins experimentais. A cultura inicial de *L. erysimi* foi desenvolvida através da recolha de adultos de couves não pulverizadas cultivadas na Instructional Farm, College of Agriculture, Junagadh Agricultural University, Junagadh, durante a estação *rabi* do ano 2011-12. Os adultos foram criados em placas de Petri de vidro (10 cm × 2 cm de diâmetro). Foram fornecidas diariamente como alimento folhas frescas de couve com o talo da folha (pecíolo) envolto em algodão húmido, para evitar a dessecação das folhas. Para transferir os pulgões para folhas novas, estes foram ligeiramente perturbados, inicialmente tocando-lhes com uma escova de pêlos, de modo a retirar a parte bucal do tecido foliar; em seguida, os pulgões foram transferidos para folhas frescas com a ajuda de uma escova de camelo húmida, sendo depois utilizados para estudos laboratoriais.

3.2 Bioeficácia de *B. bassiana*, *V. lecanii*, *M. anisopliae* isoladamente e em combinação com insecticidas contra *L. erysimi* em couve, em condições de campo

3.2.1 Pormenores do tratamento

Localização	:	Quinta da faculdade, Escola Superior de Agricultura, Junagadh (placa 1).
Cultura	:	Couve
Variedades	:	Acre de ouro
Época	:	*Rabi* 2011-12
Conceção	:	RBD
Replicação	:	3
Tratamentos	:	12
Tamanho do lote Bruto	:	4,95 m X 3 m
Líquido	:	4,05 m X 1,80 m
Espaçamento	:	60 cm × 45 cm

3.2.2 Pormenores dos tratamentos

Tratamento Não.	Tratamento	Dose (kg)/ Concen. (%)
T$_1$	**B. bassiana (2x10^8 cfu/g)**	2,5 kg/ha

T_2	*V. lecanii* ($2x10^8$ cfu/g)	2 kg/ha
T_3	*M. anisopliae* ($2x10^7$ cfu/g)	2 kg/ha
T_4	*B. bassiana* ($2x10^8$ cfu/g) + acetamipride 20%SP	1,25 kg/ha + 0.002 %
T_5	*V. lecanii* ($2x10^8$ cfu/g) + acetamipride 20%SP	1 kg/ha + 0.002 %
T_6	*M. anisopliae* ($2x10^7$ cfu/g) + acetamipride 20%SP	1 kg/ha + 0.002 %
T_7	Acetamipride 20%SP	0.004 %
T_8	Metil-o-demetão 25%EC	0.025 %
T_9	*B. bassiana* ($2x10^8$ cfu/g) + metil-o-demetão 25%EC	1,25 kg/ha + 0.012 %
T_{10}	*V. lecanii* ($2x10^8$ cfu/g) + metil-o-demetão 25%EC	1 kg/ha + 0.012 %
T_{11}	*M. anisopliae* ($2x10^7$ cfu/g) + metil-o-demetão 25%EC	1 kg/ha + 0.012 %
T_{12}	Controlo (pulverização de água)	-

3.2.3 Aplicação do tratamento

A pulverização dos tratamentos foi efectuada com a ajuda de um pulverizador de dorso. Teve-se o cuidado de obter uma cobertura uniforme de cada solução de pulverização nas respectivas parcelas. Foram efectuadas duas pulverizações de insecticidas com um intervalo de 15 dias. A primeira pulverização foi feita no momento em que o pulgão se formou e atingiu o índice 1,5. A segunda pulverização foi efectuada 15 dias após a primeira. A solução de pulverização foi utilizada de acordo com a copa da cultura a 700 litros por hectare.

3.2.4 Técnica de amostragem para o índice de afídeos

De acordo com Patel (1980), observou-se que os pulgões da couve se sentam geralmente de forma sobreposta, pelo que era difícil fazer uma contagem numérica e, por conseguinte, observou-se um índice de pulgões para determinar a população de pulgões. O índice de afídeos foi calculado da seguinte forma.

0Planta   isenta de afídeos.

1Pulgão   presente mas sem formação de colónias. Nenhum prejuízo devido ao aparecimento da praga na planta.

2Pequenas   colónias de afídeos presentes nas folhas da planta. Estas folhas apresentam uma ligeira ondulação devido à alimentação dos afídeos.

3Grandes colónias de afídeos presentes nas folhas e noutras partes, sintomas de danos visíveis devido à alimentação dos afídeos.

4A maior parte das folhas está coberta de colónias de afídeos. As contagens não são possíveis e a planta apresenta mais sintomas de danos devido à alimentação dos pulgões.

5A planta está completamente coberta de colónias de afídeos, o crescimento da planta é impedido devido à alimentação da praga.

O índice médio de afídeos foi calculado utilizando a seguinte fórmula

$$\text{Índice médio de afídeos} = \frac{ON + 1N + 2N + 3N + 4N + 5N}{\text{Número total de plantas observadas}}$$

Onde,

0, 1, 2, 3, 4, 5 são os índices de afídeos.

N = Número de plantas com o respetivo índice de afídeos.

Para avaliar a eficácia dos diferentes insecticidas, foram registadas visualmente observações sobre o índice de pulgões em cinco plantas seleccionadas ao acaso. O índice de pulgões/planta foi registado 24 horas antes da pulverização e 1, 3, 5 e 7 dias após a pulverização em cada tratamento. A média do índice de pulgões após duas pulverizações foi submetida a uma análise estatística.

3.2.5 Estimativa da perda de rendimento

Os rendimentos das couves foram registados separadamente em cada parcela de rede e os dados foram submetidos a uma análise estatística da variância. O aumento do rendimento em relação ao controlo foi calculado juntamente com a relação custo-benefício. A perda evitável num tratamento individual foi calculada utilizando a seguinte fórmula (Pradhan, 1969).

$$\text{Percentagem de perda evitável} = \frac{T - C}{T} \cdot 100$$

Onde,
T = Rendimento no tratamento mais eficaz (kg/ha)
C = Rendimento no respetivo tratamento (kg/ha)

Sr.no.	Nome comum	Comércio nome	Formulação	Concentração (%)/Dose Kg/ha	Fabrico Agência
BIO-PESTICIDAS					
1	*Beauveria bassiana*	Biosoft	-	2.5	Agriland Bio-tech Pvt. Ltd.
2	*Verticílio Lecanii*	Vertisoft	-	2	Agriland Bio-tech Pvt. Ltd.
3	*Metarhizium anisopliae*	Bio-mágica	-	2	Indore Bio-tech Inputs & Research Pvt. Ltd.
INSECTICIDAS					
4	Acetamipride	Orgulho Raxa	20% SP	0.004%	Gujrat Pesticida Ltd.
5	Metil-o-demetão	Metasystox	25% CE	0.025%	United Phosphorus Limited.

3.3 Bioeficácia de *B. bassiana, V. lecanii, M. anisopliae* isoladamente e em combinação com insecticidas contra *L. erysimi* em couve, em condições laboratoriais

Tratamentos semelhantes também foram testados no laboratório em um projeto completamente aleatório com 3 repetições.

As folhas frescas de couve colhidas num campo de couve não pulverizado foram devidamente lavadas com água limpa e secas ao ar. As ninfas de terceiro instar (25 ninfas por placa de Petri) foram transferidas para as folhas não tratadas. A pulverização de cada tratamento foi aplicada nas folhas de couve separadamente com a ajuda de um atomizador. Houve o cuidado de obter uma cobertura uniforme do inseticida. As folhas tratadas foram deixadas a secar durante 15 minutos sob uma ventoinha de teto. Em seguida, foi colocado um tampão de algodão embebido em água na extremidade cortada do pecíolo da folha, para evitar a dessecação, e as folhas foram colocadas em placas de Petri.

3.3.1. Observações

As contagens de mortalidade foram registadas 1, 3, 5 e 7 dias após o tratamento. As ninfas moribundas foram consideradas mortas. A percentagem de mortalidade foi corrigida utilizando a seguinte fórmula modificada dada por Henderson e Tilton (1955).

$$\text{Percentagem corrigida de Mortalidade} = 100 \times \left(1 - \frac{T_a \times C_b}{T_b \times C_a}\right)$$

Onde,

T_b = Número de afídeos contados antes do tratamento

T_a = Número de afídeos contados após o tratamento

C_b = Número de afídeos contados na parcela de controlo não tratada antes do tratamento

C_a = Número de afídeos contados na parcela de controlo não tratada após o tratamento

Os dados foram transformados em percentagem antes da análise. A ação sinérgica das misturas de pesticidas foi avaliada comparando a mortalidade observada com a mortalidade esperada (Dabi *et al.*, 1988). Os valores de zero e de cêntimos por cento foram removidos utilizando a seguinte fórmula (Bartlet, 1947 e Gomez e Gomez, 1984).

Para zero por cento = $(1/4n) \times 100$

Para cento por cento = $(1-1/4n) \times 100$

Onde, n = número de ninfas por tratamento

Os dados assim obtidos foram submetidos a transformação angular para análise estatística.

3.4 Bioeficácia de *B. bassiana*, *V. lecanii*, *M. anisopliae* em combinação entre si contra *L. erysimi* em couve em condições laboratoriais

3.4.1 Pormenores das experiências

i)	**Localização**	:	Laboratório de biocontrolo, Dept. de Agril. Entomologia, Faculdade de Agricultura, JAU, Junagadh
ii)	**Ano e estação da experiência**	:	janeiro de 2012
iii)	**Conceção experimental**	:	Desenho completamente aleatório
iv)	**Número de repetições**	:	Três (3)
v)	**Número de tratamentos**	:	Dez(10)

3.4.2 Pormenores dos tratamentos

Tratamento Não.	Tratamento	Dose (g)/litro de água
T_1	*B. bassiana* (2×10^8 cfu/g) + *V. lecanii* (2×10^8 cfu/g)	2g + 2g
T_2	*B. bassiana* (2×10^8 cfu/g) + *V. lecanii* (2×10^8 cfu/g)	2g + 1g
T_3	*B. bassiana* (2×10^8 cfu/g) + *M. anisopliae* (2×10^7 cfu/g)	2g + 2g
T_4	*B. bassiana* (2×10^8 cfu/g) + *M. anisopliae* (2×10^7 cfu/g)	2g + 1g
T_5	*V. lecanii* (2×10^8 cfu/g) + *M. anisopliae* (2×10^7 cfu/g)	2g + 2g
T_6	*V. lecanii* (2×10^8 cfu/g) + *M. anisopliae* (2×10^7 cfu/g)	2g + 1g
T_7	*B. bassiana* (2×10^8 cfu/g) + *V. lecanii* (2×10^8 cfu/g)	1g + 1g
T_8	*B. bassiana* (2×10^8 cfu/g) + *M. anisopliae* (2×10^7 cfu/g)	1g + 1g
T_9	*V. lecanii* (2×10^8 cfu/g) + *M. anisopliae* (2×10^7 cfu/g)	1g + 1g
T_{10}	Controlo (pulverização de água)	-

As folhas frescas de couve colhidas num campo de couve não pulverizado foram devidamente lavadas com água limpa e secas ao ar. As ninfas de terceiro instar (25 ninfas por placa de Petri) foram transferidas para as folhas não tratadas. A pulverização de cada tratamento foi aplicada nas folhas de couve separadamente com a ajuda de um atomizador. Houve o cuidado de obter uma cobertura uniforme do inseticida. As folhas tratadas foram deixadas a secar durante 15 minutos sob uma ventoinha de teto. Em seguida, foi colocado um tampão de algodão embebido em água na extremidade cortada do pecíolo da folha, para evitar a dessecação, e as folhas foram colocadas em placas de Petri.

3.4.3 Observações

As contagens de mortalidade foram registadas 1, 3 e 5 dias após o tratamento. As ninfas moribundas foram consideradas mortas. A percentagem de mortalidade foi corrigida utilizando a seguinte fórmula modificada dada por Henderson e Tilton (1955).

$$\text{Percentagem corrigida} = 100 \times \left(1 - \frac{T_a \times C_b}{T_b \times C_a}\right)$$

Mortalidade

Onde,

T_b = Número de afídeos contados antes do tratamento

T_a = Número de afídeos contados após o tratamento

C_b = Número de afídeos contados na parcela de controlo não tratada antes do tratamento

C_a = Número de afídeos contados na parcela de controlo não tratada após o tratamento

Os dados foram transformados em percentagem antes da análise. A ação sinérgica das misturas de pesticidas foi avaliada comparando a mortalidade observada com a mortalidade esperada (Dabi *et al.*, 1988). Os valores de zero e de cêntimos por cento foram removidos utilizando a seguinte fórmula (Bartlet, 1947 e Gomez e Gomez, 1984).

Para zero por cento = $(1/4n) \times 100$

Para cento por cento = $(1-1/4n) \times 100$

Onde, n = número de ninfas por tratamento

Os dados assim obtidos foram submetidos a transformação angular para análise estatística.

IV. RESULTADOS E DISCUSSÃO

As investigações sobre a "Bioeficácia de biopesticidas e em combinação com inseticida contra *L. erysimi* que infesta a couve" foram realizadas em condições de campo e de laboratório. Os resultados obtidos são apresentados e discutidos a seguir.

4.1 Bioeficácia dos biopesticidas *B. bassiana*, *V. lecanii* e *M. anisopliae* contra *L. erysimi* em couve em condições de campo

Foi realizada uma experiência de campo para determinar a eficácia de *B. bassiana*, *V. lecanii* e *M.* anisopliae isoladamente e em combinação com diferentes insecticidas contra *L. erysimi* em couve na College Farm, College of Agriculture, Junagadh Agricultural University, Junagadh, durante o *rabi* de 2011-12. Foram aplicadas duas pulverizações de insecticidas com um intervalo de 15 dias a partir do momento em que a praga atingiu o limiar económico (1,5 índice de afídeos/planta).

4.1.1 Primeira pulverização

4.1.1.1 Antes de 24 horas

Os dados apresentados no Quadro 2 revelaram que a população de pulgões variou entre 1,52 e 2,00 índices de pulgões por planta, indicando uma distribuição semelhante em todos os tratamentos antes das 24 horas de pulverização.

4.1.1.2 Um dia após a pulverização

Os dados apresentados no Quadro 2 e representados na Fig. 1 indicam que todos os tratamentos foram considerados significativamente superiores ao controlo na redução da população de pulgões após um dia de pulverização. O tratamento com acetamipride 0,004 por cento foi considerado significativamente eficaz e deu 0,67 índice de pulgões por

Tabela 2. Eficácia comparativa de vários biopesticidas e insecticidas contra *L. erysimi* em couve durante a *Rabi* 2011-2012

Sr. não	Tratamento	Índice de afídeos após a pulverização I[st]					Média
		Antes de 24 hora	1 DAS	3 DAS	5 DAS	7 DAS	
1	*B. bassiana* @ 2,5 kg/ha	1.53* (1.87)	1.53 (1.87)	1.40 (1.47)	1.37 (1.40)	1.42 (1.53)	1.43 (1.57)
2	*V. lecanii* @ 2,0 kg/ha	1.58 (2.00)	1.58 (2.00)	1.40 (1.47)	1.30 (1.20)	1.35 (1.33)	1.41 (1.50)
3	*M. anisopliae* @ 2,0 kg/ha	1.56 (1.93)	1.60 (2.07)	1.54 (1.87)	1.54 (1.87)	1.64 (2.20)	1.58 (2.00)
4	*B. bassiana* @ 1,25 kg/ha + Acetamipride 0,002 %	1.48 (1.73)	1.32 (1.27)	1.19 (0.93)	1.17 (0.87)	1.27 (1.13)	1.24 (1.05)
5	*V. lecanii* @ 1,0 kg/ha + Acetamipride 0,002 %	1.53 (1.87)	1.30 (1.20)	1.17 (0.87)	1.11 (0.73)	1.25 (1.07)	1.21 (0.97)
6	*M. anisopliae* @ 1,0 kg/ha + Acetamipride 0,002 %	1.46 (1.67)	1.37 (1.40)	1.37 (1.40)	1.46 (1.67)	1.49 (1.73)	1.42 (1.55)
7	Acetamipride 0,004 %	1.51 (1.80)	1.08 (0.67)	0.98 (0.47)	0.94 (0.40)	1.02 (0.53)	1.01 (0.52)
8	Metil-o-demetão 0,025%	1.49 (1.73)	1.16 (0.87)	1.02 (0.53)	1.02 (0.53)	1.05 (0.60)	1.06 (0.63)
9	*B. bassiana* @ 1,25 kg/ha + Metil-o-demetão 0,012%	1.47 (1.67)	1.35 (1.33)	1.25 (1.07)	1.17 (0.87)	1.28 (1.13)	1.26 (1.10)
10	*V. lecanii* @ 1,0 kg/ha + Metil-o-demetão 0,012%	1.42 (1.53)	1.33 (1.27)	1.22 (1.00)	1.14 (0.80)	1.25 (1.07)	1.23 (1.03)
11	*M. anisopliae* @ 1,0 kg/ha + Metil-o-demetão 0,012%	1.44 (1.60)	1.35 (1.33)	1.37 (1.40)	1.49 (1.73)	1.53 (1.87)	1.43 (1.58)
12	Controlo (pulverização de água)	1.42 (1.53)	1.60 (2.07)	1.68 (2.33)	1.68 (2.33)	1.74 (2.53)	1.67 (2.31)
	S.Em.±	0.09	0.08	0.06	0.07	0.07	0.07
	CD a 5%	NS	0.22	0.19	0.19	0.21	0.25
	C.V. %	10.05	9.62	8.62	8.99	9.16	8.65

*Valores transformados.   Os números entre parênteses são valores retransformados.   DAS = Dias após a pulverização.

planta, que estava a par com metil-o-demetão 0,025 por cento (0,87 índice de pulgões/planta). Os próximos melhores tratamentos em termos de eficácia foram *V. lecanii* @ 1,0 kg/ha + acetamipride 0,002 por cento (1,20 índice de pulgões/planta), que foi igual a *V. lecanii* @ 1,0 kg/ha + metil-o-demetão 0.012 por cento (1,27 índice de pulgões/planta

), *B. bassiana* @1,25 kg/ha + acetamipride 0,002 por cento (1,27 índice de pulgões/planta), *B. bassiana* @1,25 kg/ha + metil-o-demetão 0,012 por cento (1,33 índice de pulgões/planta), *M. anisopliae* @ 1,0 kg/ha + metil-o-demetão 0,012 por cento (1,33 índice de pulgões/planta), *M. anisopliae* @1,0 kg/ha + acetamipride 0,002 por cento (1,40 índice de pulgões/planta), O índice de pulgões mais elevado foi registado na testemunha (2.09 índice de pulgões/planta), que foi igual ao de *B. bassiana* @ 2,5 kg/ha (1,87 índice de pulgões/planta), *V. lecanii* @ 2,0 kg/ha (2,00 índice de pulgões/planta) e *M. anisopliae* @ 2,0 kg/ha (2,07 índice de pulgões/planta).

4.1.1.3 Três dias após a pulverização

Os dados sobre a população de pulgões (Quadro 2 e Fig. 1) indicaram que todos os tratamentos foram considerados significativamente superiores ao controlo na redução da população da praga após três dias de pulverização. O tratamento de acetamipride 0,004 por cento foi considerado significativamente eficaz e deu 0,47 índice de pulgões por planta, o que foi igual a metil-o-demetão 0,025 por cento 0,53 (índice de pulgões/planta). Os melhores tratamentos seguintes, por ordem de eficácia, foram *V. lecanii* @ 1,0 kg/ha + acetamipride 0,002 por cento (0,87 índice de pulgões/planta), que foi igual a *B. bassiana* @ 1,25 kg/ha + acetamipride 0,002 por cento (0,93 índice de pulgões/planta), *V. lecanii* @ 1,0 kg/ha + metil-o-demetão

0,012 por cento (1,00 índice de pulgões/planta) *B. bassiana* @ 1.25 kg/ha + metil-o-demetão 0,012 por cento (1,07 índice de pulgões/planta), Os restantes tratamentos *M. anisopliae* @ 1,0 kg/ha + acetamipride 0,002 por cento, *M. anisopliae* @ 1,0 kg/ha + metil-o-demetão 0.012 por cento, *B. bassiana* @ 2,5 kg/ha, *V. lecanii* @ 2,0 kg/ha, *M. anisopliae* @ 2,0 kg/ha deram eficácia (1,40, 1,40, 1,47, 1,47, 1,87 índice de pulgões/planta, respetivamente). O índice mais elevado de pulgões/planta, de 2,33, foi registado na testemunha, onde não se procedeu à pulverização do tratamento.

4.1.1.4 Cinco dias após a pulverização

Os resultados revelaram (Quadro 2 e Fig. 1) que todos os tratamentos foram considerados significativamente superiores ao controlo na redução da população de pulgões após cinco dias de pulverização. O tratamento de acetamipride 0,004 por cento foi considerado significativamente eficaz e deu 0,40 índice de pulgões por planta, que foi igual ao metil-o-demetão 0,025 por cento 0,53 índice de pulgões por planta. Os próximos melhores tratamentos em termos de eficácia foram *V. lecanii* @ 1,0 kg/ha + acetamipride 0,002 por cento (0,73 índice de pulgões/planta), que foi igual a *B. bassiana* @ 1,25 kg/ha + acetamipride 0,002 por cento (0,87 índice de pulgões/planta), *V. lecanii* @ 1,0 kg/ha + metil-o-demetão 0,012 por cento (0,80 índice de
pulgões/planta), *B. bassiana* @ 1,25 kg/ha + metil-o-demetão 0,012 por cento (0,87 índice de pulgões/planta), Os restantes tratamentos *V. lecanii* @ 2,0 kg/ha, *B. bassiana* @ 2,5 kg/ha, *M. anisopliae* @ 1,0 kg/ha + acetamipride 0,002 por cento, *M. anisopliae* @ 1,0 kg/ha + metil-o-demetão 0,012 por cento, *V. lecanii* @ 2,0 kg/ha, *M. anisopliae* @ 2,0 kg/ha deram eficácia (1,20, 1,40, 1,67, 1,73, 1,87 índice de pulgões/planta, respetivamente). O

índice mais elevado de pulgões/planta, de 2,33, foi registado na testemunha, onde não se procedeu à pulverização do tratamento.

4.1.1.5 Sete dias após a pulverização

Os dados apresentados no Quadro 2 e representados na Fig. 1 indicam que todos os tratamentos também foram considerados significativamente superiores ao controlo na redução da população de pulgões sete dias após a primeira pulverização. O tratamento com acetamipride 0,004 por cento foi considerado significativamente eficaz e deu 0,53 índice de pulgões por planta, o que foi igual ao metil-o-demetão 0,025 por cento 0,60 índice de pulgões por planta. Os próximos melhores tratamentos em termos de eficácia foram *V. lecanii* @ 1,0 kg/ha + acetamipride 0,002 por cento (0,73 índice de pulgões/planta), que foi igual a *B. bassiana* @ 1.25 kg/ha + acetamipride 0,002 por cento (0,87 índice de pulgões/planta), *V. lecanii* @ 1,0 kg/ha + metil-o-demetão 0,012 por cento (0,80 índice de pulgões/planta), *B. bassiana* @ 1,25 kg/ha + metil-o-demetão 0.012 por cento (0,87 índice de pulgões/planta), Os restantes tratamentos *V. lecanii* @ 2,0 kg/ha, *B. bassiana* @ 2,5 kg/ha, *m. anisopliae* @ 1,0 kg/ha + acetamipride 0,002 por cento, *M. anisopliae* @ 1.0 kg/ha + metil-o-demetão 0,012 por cento, *V. lecanii* @ 2,0 kg/ha, *M. anisopliae* @ 2,0 kg/ha deram eficácia (1,20, 1,40, 1,67, 1,73, 1,87 índice de pulgões/planta, respetivamente). O índice mais elevado de pulgões/planta, de 2,53, foi registado na testemunha, onde não se procedeu à pulverização do tratamento.

4.1.2 Segunda pulverização

4.1.2.1 Antes de 24 horas

Os dados apresentados no Quadro 3 e representados na Fig. 2 revelaram que a população de pulgões 1,67 a 3,40 índice de pulgões/planta foi distribuída em todos os tratamentos antes de 24 horas de pulverização.

4.1.2.2 Um dia após a pulverização

Os dados apresentados no Quadro 3 e representados na Fig. 2 indicam que todos os tratamentos foram considerados significativamente superiores ao controlo na redução da população de pulgões após um dia de pulverização. O tratamento de acetamipride 0,004 por cento foi considerado significativamente eficaz e deu 0,67 índice de pulgões por planta, o que foi igual ao metil-o-demetão 0,025 por cento (0,73 índice de pulgões/planta). Os próximos melhores tratamentos em termos de eficácia foram *V. lecanii* @ 1,0 kg/ha + acetamipride 0,002 por cento (1,47 índice de pulgões/planta), que foi igual a *B. bassiana* @ 1,25 kg/ha + acetamipride 0,002 por cento (1,60 índice de pulgões/planta), Os próximos melhores tratamentos em termos de eficácia foram *V. lecanii* @ 1,0 kg/ha + metil-o-demetão 0,012 por cento (1,73 índice de pulgões/planta), que foi igual a *B. bassiana* @ 1,25 kg/ha + metil-o-demetão 0,012 por cento (1,87 índice de pulgões/planta), Os próximos melhores tratamentos em termos de eficácia foram *M. anisopliae* @ 1,0 kg/ha + acetamipride 0,002 por cento,

M. anisopliae @ 1,0 *kg/ha* + metil-o-demetão 0,012 por cento, V. *lecanii* @ 2,0 kg/ha, *B. bassiana* @ 2,5 kg/ha (2,13, 2,47, 2,53, 2,73 índice de pulgões/planta, respetivamente). O índice de pulgões mais elevado foi registado em *M. anisopliae* @ 2,0 kg/ha (3,07 índice de pulgões/planta), e na parcela de controlo (3,47 índice de pulgões/planta).

Tabela 3. Eficácia comparativa de vários biopesticidas e insecticidas contra *L. erysimi* em couve durante a *Rabi* 2011-2012

Sr. não	Tratamento	Índice de afídeos/Planta após IInd spary					Média
		Antes de 24 hora	1 DAS	3 DAS	5 DAS	7 DAS	
1	*B. bassiana* @ 2,5 kg/ha	1.79* (2.73)	1.79 (2.73)	1.56 (1.93)	1.51 (1.80)	1.58 (2.00)	1.61 (2.11)
2	*V. lecanii* @ 2,0 kg/ha	1.74 (2.53)	1.74 (2.53)	1.56 (1.93)	1.42 (1.53)	1.44 (1.60)	1.54 (1.90)
3	*M. anisopliae* @ 2,0 kg/ha	1.89 (3.07)	1.89 (3.07)	1.83 (2.87)	1.78 (2.67)	1.82 (2.80)	1.83 (2.85)
4	*B. bassiana* @ 1,25 kg/ha + Acetamipride 0,002 %	1.56 (1.93)	1.45 (1.60)	1.30 (1.20)	1.22 (1.00)	1.28 (1.13)	1.31 (1.23)
5	*V. lecanii* @ 1,0 kg/ha + Acetamipride 0,002 %	1.49 (1.73)	1.40 (1.47)	1.22 (1.00)	1.13 (0.80)	1.22 (1.00)	1.24 (1.06)
6	*M. anisopliae* @ 1,0 kg/ha + Acetamipride 0,002 %	1.70 (2.40)	1.62 (2.13)	1.58 (2.00)	1.56 (1.93)	1.60 (2.07)	1.59 (2.03)
7	Acetamipride 0,004 %	1.47 (1.67)	1.08 (0.67)	0.91 (0.33)	0.84 (0.20)	0.98 (0.47)	0.95 (0.41)
8	Metil-o-demetão 0,025 %	1.50 (1.80)	1.10 (0.73)	1.05 (0.60)	1.02 (0.53)	1.08 (0.67)	1.06 (0.63)
9	*B. bassiana* @ 1,25 kg/ha + Metil-o-demetão 0,012 %	1.61 (2.13)	1.53 (1.87)	1.29 (1.17)	1.37 (1.40)	1.44 (1.60)	1.40 (1.51)
10	*V. lecanii* @ 1,0 kg/ha + Metil-o-demetão 0,012 %	1.59 (2.07)	1.49 (1.73)	1.22 (1.00)	1.26 (1.13)	1.32 (1.27)	1.32 (1.28)
11	*M. anisopliae* @ 1,0 kg/ha + Metil-o-demetão 0,012 %	1.77 (2.67)	1.72 (2.47)	1.66 (2.27)	1.62 (2.13)	1.72 (2.47)	1.68 (2.33)
12	Controlo (pulverização de água)	1.97 (3.40)	1.99 (3.47)	2.04 (3.67)	2.09 (3.87)	2.17 (4.20)	2.07 (3.80)
	S.Em. ±	0.10	0.08	0.06	0.07	0.07	0.07
	CD a 5%	0.28	0.24	0.18	0.21	0.21	0.25
	C.V. %	9.91	9.17	7.40	9.08	8.34	7.78

*Valores transformados.   Os números entre parênteses são valores retransformados.   DAS = Dias após a pulverização.

4.1.2.3 Três dias após a pulverização

Os dados apresentados no Quadro 3 e representados na Fig. 2 indicam que todos os tratamentos foram considerados significativamente superiores ao controlo na redução da população de pulgões após um dia de pulverização. O tratamento de acetamipride 0,004 por cento foi considerado significativamente eficaz e deu 0,33 índice de pulgões por planta. O segundo melhor tratamento em termos de eficácia foi o metil-o-demetão 0,025 por cento (0,60 índice de pulgões/planta). Os próximos melhores tratamentos em termos de eficácia foram *V. lecanii* @ 1,0 kg/ha + acetamipride 0,002 por cento (1,00 índice de pulgões/planta), que foi igual a *V. lecanii* @ 1,0 kg/ha + metil-o-demetão 0,012 por cento (1,00 índice de pulgões/planta), *B. bassiana* @ 1,25 kg/ha + metil-o-demetão 0,012 por cento (1,17 índice de pulgões/planta), *B. bassiana* @ 1.25 kg/ha + acetamipride 0,002 por cento (1,20 índice de pulgões/planta), Os próximos melhores tratamentos em sua eficácia foram *V. lecanii* @ 2,0 kg/ha, *B. bassiana* @ 2,5 kg/ha, *M. anisopliae* @ 1,0 *kg/ha* + acetamiprid 0,002 por cento, *M. anisopliae* @ 1,0 kg/ha + methyl-o-demeton 0,012 por cento, (1,93, 1,93, 2,00, 2,27 índice de pulgões/planta, respetivamente). O índice de pulgões mais elevado foi registado em *M. anisopliae* @ 2,0 kg/ha (2,87 índice de pulgões/planta), e na parcela de controlo (3,67 índice de pulgões/planta).

4.1.2.4 Cinco dias após a pulverização

Os resultados revelaram (Quadro 3 e Fig. 2) que todos os tratamentos foram significativamente superiores ao controlo na redução da população de pulgões após cinco dias de pulverização. O tratamento com acetamipride 0,004 por cento foi considerado significativamente eficaz e deu 0,20 índice de pulgões por planta. Os próximos melhores tratamentos em termos de eficácia foram o metil-o-demetão 0,025 por cento (0,53 índice de pulgões/planta). Os próximos melhores tratamentos em termos de eficácia foram *V. lecanii* @ 1,0 kg/ha + acetamipride 0,002 por cento (0,80 índice de pulgões/planta), que foi igual a *B. bassiana* @ 1,25 kg/ha + acetamipride 0,002 por cento (1,00 índice de pulgões/planta), *V. lecanii* @ 1.0 kg/ha + metil-o-demetão 0,012 por cento (1,13 índice de pulgões/planta) Os próximos melhores tratamentos em sua eficácia foram *B. bassiana* @ 1,25 kg/ha + metil-o-demetão 0,012 por cento (1,40 índice de pulgões/planta), *V. lecanii* @ 2,0 kg/ha (1,40 índice de pulgões/planta). Os restantes tratamentos eficazes foram *B. bassiana* @ 2,5 kg/ha, *M. anisopliae* @ 1,0 kg/ha + acetamipride 0,002 por cento, *M. anisopliae* @ 1,0 kg/ha + metil-o-demetão 0,012 por cento, *V. lecanii* @ 2,0 kg/ha, *M. anisopliae* @ 2,0 kg/ha eficácia observada (1,80, 1,93, 2,13, 2,67 índice de pulgões/planta, respetivamente). O maior índice de pulgões/planta, de 3,87, foi registado na testemunha, onde não se procedeu à pulverização do tratamento.

4.1.2.5 Sete dias após a pulverização

Os dados apresentados no Quadro 3 e representados na Fig. 2 indicam que todos os tratamentos também foram considerados significativamente superiores ao controlo na redução da população de pulgões após sete dias da segunda pulverização. O tratamento com acetamipride 0,004 por cento foi considerado significativamente eficaz e deu 0,47 índice de pulgões por planta, o que foi igual ao metil-o-demetão 0,025 por cento (0,67 índice de pulgões/planta). Os próximos melhores tratamentos em termos de eficácia foram *V. lecanii* @ 1,0 kg/ha + acetamipride 0,002 por cento (1,00 índice de pulgões/planta), que foi igual a *B. bassiana* @ 1,25 kg/ha + acetamipride 0,002 por cento (1,13 índice de pulgões/planta), *V. lecanii* @ 1,0 kg/ha + metil-o-demetão 0,012 por cento (1,27 índice de pulgões/planta). Os próximos melhores tratamentos em sua eficácia foram *B. bassiana* @ 1,25 kg/ha + metil-o-demeton 0,012 por cento (1,60 índice de pulgões/planta), *V. lecanii* @ 2,0 kg/ha (1,60 índice de pulgões/planta). Os restantes tratamentos *B. bassiana* @ 2,5 kg/ha, *M. anisopliae* @ 1,0 kg/ha + acetamipride 0,002 por cento, *M. anisopliae* @ 1,0 kg/ha + Metil-o-demetão 0,012 por cento, *M. anisopliae* @ 2,0 kg/ha deram eficácia (2,00, 2,07, 2,47, 2,80 índice de pulgões/planta, respetivamente). O índice mais elevado de pulgões/planta (4,20) foi registado no controlo, onde não se procedeu à pulverização do tratamento.

4.1.2.6 Média global de duas pulverizações

Os dados apresentados no quadro 4 descrevem que, após a aplicação de duas pulverizações de insecticidas com um intervalo de 15 dias, a partir do momento em que a praga atingiu o nível de limiar económico (1,5 índice de afídeos/planta). Os tratamentos de acetamipride 0,004 por cento (0,46), metil-o-demetão 0,025 por cento (0,63), *V. lecanii* @ 1,0 kg/ha + acetamipride 0,002 por cento (1,01), *B. bassiana* @ 1,25 kg/ha + acetamipride 0.002 por cento (1.14), *V. lecanii* @ 1.0 kg/ha + metil-o-demetão 0.012 por cento (1.16), *B. bassiana* @ 1.25 kg/ha + metil-o-demetão 0.012 por cento (1.30) deram uma média de índice de pulgões por planta abaixo da ETL.

Assim, a utilização de um único inseticida em vez da combinação é considerada muito eficaz para controlar esta praga. Resultados semelhantes foram registados por Parmar e Kapadia (2007) e Singh e Verma (2008).

4.1.3 Rendimento e economia

Os dados sobre o rendimento do repolho obtidos em vários tratamentos são resumidos (Quadro 5, Fig. 3 e Placa 2).

Tabela 4. Eficácia comparativa de vários biopesticidas e insecticidas contra *L. erysimi* em couve durante a *Rabi* 2011-12

| Sr. não | Tratamento | Índice de afídeos/planta após Iˢᵗ e IIⁿᵈ pulverização | | | | | | | | | | Média |
| | | 1ˢᵗ spray | | | | | 2ⁿᵈ spray | | | | | |
		Antes de 24 horas	1 traço	3 traços	5 traços	7 traços	Antes de 24 horas	1 traço	3 traços	5 traços	7 traços	
1	B. bassiana @ 2,5 kg/ha	1.53* (1.87)	1.53 (1.87)	1.40 (1.47)	1.37 (1.40)	1.42 (1.53)	1.79 (2.73)	1.79 (2.73)	1.56 (1.93)	1.51 (1.80)	1.58 (2.00)	1.52 (1.84)
2	V. lecanii @ 2,0 kg/ha	1.58 (2.00)	1.58 (2.00)	1.40 (1.47)	1.30 (1.20)	1.35 (1.33)	1.74 (2.53)	1.74 (2.53)	1.56 (1.93)	1.42 (1.53)	1.44 (1.60)	1.48 (1.70)
3	M. anisopliae @ 2,0 kg/ha	1.56 (1.93)	1.60 (2.07)	1.54 (1.87)	1.54 (1.87)	1.64 (2.20)	1.89 (3.07)	1.89 (3.07)	1.83 (2.87)	1.78 (2.67)	1.82 (2.80)	1.70 (2.43)
4	B. bassiana @ 1,25 kg/ha + Acetamipride 0,002 %	1.48 (1.73)	1.32 (1.27)	1.19 (0.93)	1.17 (0.87)	1.27 (1.13)	1.56 (1.93)	1.45 (1.60)	1.30 (1.20)	1.22 (1.00)	1.28 (1.13)	1.27 (1.14)
5	V. lecanii @ 1,0 kg/ha + Acetamipride 0,002 %	1.53 (1.87)	1.30 (1.20)	1.17 (0.87)	1.11 (0.73)	1.25 (1.07)	1.49 (1.73)	1.40 (1.47)	1.22 (1.00)	1.13 (0.80)	1.22 (1.00)	1.22 (1.01)
6	M. anisopliae @ 1,0 kg/ha + Acetamipride 0,002 %	1.46 (1.67)	1.37 (1.40)	1.37 (1.40)	1.46 (1.67)	1.49 (1.73)	1.70 (2.40)	1.62 (2.13)	1.58 (2.00)	1.56 (1.93)	1.60 (2.07)	1.50 (1.79)
7	Acetamipride 0,004 %	1.51 (1.80)	1.08 (0.67)	0.98 (0.47)	0.94 (0.40)	1.02 (0.53)	1.47 (1.67)	1.08 (0.67)	0.91 (0.33)	0.84 (0.20)	0.98 (0.47)	0.98 (0.46)
8	Metil-o-demetão 0,025 %	1.49 (1.73)	1.16 (0.87)	1.02 (0.53)	1.02 (0.53)	1.05 (0.60)	1.50 (1.80)	1.10 (0.73)	1.05 (0.60)	1.02 (0.53)	1.08 (0.67)	1.06 (0.63)
9	B. bassiana @ 1,25 kg/ha + Metil-o-demetão 0,012 %	1.47 (1.67)	1.35 (1.33)	1.25 (1.07)	1.17 (0.87)	1.28 (1.13)	1.61 (2.13)	1.53 (1.87)	1.29 (1.17)	1.37 (1.40)	1.44 (1.60)	1.33 (1.30)
10	V. lecanii @ 1,0 kg/ha + Metil-o-demetão 0,012 %	1.42 (1.53)	1.33 (1.27)	1.22 (1.00)	1.14 (0.80)	1.25 (1.07)	1.59 (2.07)	1.49 (1.73)	1.22 (1.00)	1.26 (1.13)	1.32 (1.27)	1.28 (1.16)
11	M. anisopliae @ 1,0 kg/ha + Metil-o-demetão 0,012 %	1.44 (1.60)	1.35 (1.33)	1.37 (1.40)	1.49 (1.73)	1.53 (1.87)	1.77 (2.67)	1.72 (2.47)	1.66 (2.27)	1.62 (2.13)	1.72 (2.47)	1.56 (1.96)
12	Controlo (pulverização de água)	1.42 (1.53)	1.60 (2.07)	1.68 (2.33)	1.68 (2.33)	1.74 (2.53)	1.97 (3.40)	1.99 (3.47)	2.04 (3.67)	2.09 (3.87)	2.17 (4.20)	1.87 (3.05)
	S.Em.±	0.09	0.08	0.06	0.07	0.07	0.10	0.08	0.06	0.07	0.07	0.07
	CD a 5%	NS	0.22	0.19	0.19	0.21	0.29	0.24	0.18	0.21	0.21	0.20
	C.V. %	10.05	9.62	8.62	8.99	9.16	10.03	9.17	7.40	9.08	8.34	8.79

*Valores transformados.   Os números entre parênteses são valores retransformados.   DAS = Dias após

4.1.3.1 Rendimento

É evidente no Quadro 5 que foi obtido um rendimento significativamente mais elevado nas parcelas tratadas com acetamipride 0,004 por cento (223,33 qt/ha). No entanto, foi igual ao metil-o-demetão 0,025 por cento (214,67 qt/ha), *V. lecanii* @ 1,0 kg/ha + acetamipride 0,002 por cento (202,50 qt/ha), *B. bassiana* @ 1,25 kg/ha + acetamipride 0,002 por cento (201,33 qt/ha). Os próximos melhores tratamentos foram *V. lecanii* @ 1,0 kg/ha + metil-o-demetão 0,012 por cento (200,50 qt/ha), que estava a par com *B. bassiana* @ 1,25 kg/ha + metil-o-demetão 0,012 por cento (199,33 qt/ha), *M. anisopliae* @ 1,0 kg/ha + acetamipride 0,002 (191,00 qt/ha), *M. anisopliae* @ 1,0 kg/ha + metil-o-demetão 0,012 (189,67 qt/ha), *V. lecanii* @ 2,0 kg/ha (182,50 qt/ha) e *B. bassiana* @ 2,5 kg/ha (180,00 qt/ha). Foi encontrada uma produção significativamente mais baixa no tratamento de *M. anisopliae* @ 2,0 kg/ha (150,00 qt/ha) e na parcela de controlo (126,00 qt/ha).

Quanto ao aumento percentual do rendimento em relação ao controlo, variou de 19,04 a 77,24%. O aumento máximo de rendimento em relação ao controlo (77,24%) foi registado no tratamento com acetamipride 0,004%. Os tratamentos de metil-o-demetão 0,025 por cento (70,37%), *V. lecanii* @ 1,0 kg/ha + acetamipride 0,002 por cento (60,71%), *B. bassiana* @ 1,25 kg/ha + acetamipride 0.002 por cento (59,78 %), *V. lecanii* @ 1,0 kg/ha + metil-o-demetão 0,012 por cento (59,12 %), *B. bassiana* @ 1,25 kg/ha + metil-o-demetão 0,012 por cento (58,19 %), *M. anisopliae* @ 1,0 kg/ha + acetamipride 0,002 (51,58 %), *M. anisopliae* @ 1,0 kg/ha + metil-o-demetão 0,012 (50,53 %), *V. lecanii* @ 2,0 kg/ha (44,87 %), *B. bassiana* @ 2,5 kg/ha (42,85%), *M. anisopliae* @ 2,0 kg/ha (19,04 %) por cento de aumento no rendimento.

Tabela 5. Efeito dos diferentes tratamentos no rendimento do repolho e nas perdas evitáveis devidas a *L. erysimi*

Sr. Não.	Tratamento	Rendimento qt/ha	Aumento percentual do rendimento em relação ao controlo	Perdas evitáveis (%)
1	*B. bassiana* @ 2,5 kg/ha	180.00	42.85	19.40
2	*V. lecanii* @ 2,0 kg/ha	182.50	44.84	18.28
3	*M. anisopliae* @ 2,0 kg/ha	150.00	19.04	32.83
4	*B. bassiana* @ 1,25 kg/ha + Acetamipride 0,002 %	201.33	59.78	9.85
5	*V. lecanii* @ 1,0 kg/ha + Acetamipride 0,002 %	202.50	60.71	9.32
6	*M. anisopliae* @ 1,0 kg/ha + Acetamipride 0,002 %	191.00	51.58	14.47
7	Acetamipride 0,004 %	223.33	77.24	0.0
8	Metil-o-demetão 0,025%	214.67	70.37	3.88
9	*B. bassiana* @ 1,25 kg/ha + Metil-o-demetão 0,012 %	199.33	58.19	10.75
10	*V. lecanii* @ 1,0 kg/ha + Metil-o-demetão 0,012 %	200.50	59.12	10.20
11	*M. anisopliae* @ 1,0 kg/ha + Metil-o-demetão 0,012 %	189.67	50.53	15.07
12	Controlo (pulverização de água)	126.00	-	43.58
	S.Em.±	7.93		
	C.D. a 5 %	23.15		
	C.V. %	7.29		

A percentagem de perdas evitáveis na produção de couve variou de 3,88 a 43,58 por cento. O rendimento máximo foi registado com a pulverização de acetamipride 0,004 por cento. A perda de rendimento evitável em percentagem foi a mais baixa (3,88%) nas parcelas tratadas com metil-o-demetão 0,025%. As parcelas tratadas com *V. lecanii* @ 1,0 kg/ha em combinação com acetamipride 0,002 por cento e *B. bassiana* @ 1,25 kg/ha em combinação com acetamipride 0,002 por cento, *V. lecanii* @ 1,0 kg/ha em combinação com metil-o-demetão 0,012 por cento, *B. bassiana* @ 1,25 kg/ha em combinação com metil-o-demetão 0,012 por cento (58,19 %), *M. anisopliae* @ 1,0 kg/ha em combinação com acetamipride 0,002 (51,58 %), *M. anisopliae* @ 1,0 kg/ha em combinação com metil-o-demetão 0,012, *V. lecanii* @ 2.0 kg/ha, *B. bassiana* @ 2.5 kg/ha, *M. anisopliae* @ 2.0 kg/ha (9.32, 9.85, 10.20, 10.75, 14.47, 15.07, 18.28, 19.40, 32.83 %, respetivamente). Nas parcelas não pulverizadas (controlo), a perda evitável foi registada em 43,32%.

Os resultados indicaram que os tratamentos de *V. lecanii* @ 1,0 kg/ha e *B. bassiana* @ 1,25 kg/ha em combinação com meia dose de insecticidas sintéticos acetamipride e metil-o-demetão foram considerados eficazes como os insecticidas recomendados contra o pulgão da couve, aumentando o rendimento da couve e minimizando as perdas evitáveis.

4.1.3.2 Economia

A economia dos diferentes tratamentos (quadro 6) foi calculada juntamente com o rácio incremental de custo-benefício (ICBR). A relação custo-benefício incremental é um critério muito importante, que indica a eficiência e a adequação de uma recomendação para uma aplicação alargada. Os dados apresentados no

Quadro 6. Economia dos biopesticidas isolados e em combinação com insecticidas para o controlo de *L. erysimi* em couve

N.º Sr.	Tratamento	Quantidade total de insecticidas necessária para 2 pulverizações (litros ou kg/ha)	Preço de insecticidas (Rs./lit ou kg)	Custo dos insecticidas Rs./ha)	Encargos laborais (Rs/ha)	Custo de tratamento (Rs./ha)	Rendimento (qt/ha)	Bruto realização (Rs./ha)	Líquido realização (Rs./ha)	ICBR
1	*B. bassiana* @ 2,5 kg/ha	5	225	1125	546	1671	180.00	34200	10260	1: 6.14
2	*V. lecanii* @ 2,0 kg/ha	4	230	920	546	1466	182.50	34675	10735	1: 7.32
3	*M. anisopliae* @ 2,0 kg/ha	4	275	1100	546	1646	150.00	28500	4560	1: 2.77
4	*B. bassiana* @ 1,25 kg/ha + Acetamipride 0,002 %	2.5 + 0.14	562.5 + 168	730.5	546	1276.50	201.33	38253	14313	1: 11.21
5	*V. lecanii* @ 1,0 kg/ha + Acetamipride 0,002 %	2.0 + 0.14	460 + 168	628	546	1174	202.50	38475	14535	1: 12.38
6	*M. anisopliae* @ 1,0 kg/ha + Acetamipride 0,002 %	2.0 + 0.14	550 + 168	718	546	1264	191.00	36290	12350	1: 9.77
7	Acetamipride 0,004 %	0.28	1200	336	546	882	223.33	42433	18493	1: 20.96
8	Metil-o-demetão 0,025%	1.40	485	679	546	1225	214.67	40787	16847	1: 13.75
9	*B. bassiana* @ 1,25 kg/ha + Metil-o-demetão 0,012 %	2.5 + 0.70	562.5 + 339.5	902	546	1448	199.33	37873	13933	1: 9.62
10	*V. lecanii* @ 1,0 kg/ha + Metil-o-demetão 0,012 %	2.0 + 0.70	460 + 339.5	799.5	546	1345.5	200.50	38095	14155	1: 10.52
11	*M. anisopliae* @ 1,0 kg/ha + Metil-o-demetão 0,012 %	2.0 + 0.70	550 + 339.5	889.5	546	1435.5	189.67	36037	12097	1: 8.43
12	Controlo (pulverização de água)	-	-	-		-	126.00	23940	-	-

* O custo da mão de obra foi calculado a 273 rupias/ha/pulverização
** O valor de mercado da couve foi calculado a 190 rúpias por tonelada.

A Tabela 5 mostra que o maior ICBR (1: 20,96) foi obtido no tratamento com acetamipride 0,004 por cento e foi seguido por metil-o-demeton 0,025 por cento (1: 13,75), *V. lecanii* @ 1,0 kg/ha + acetamipride 0,004 por cento (1: 12,38) e *B. bassiana* @ 1,25 kg/ha + acetamipride 0,002 por cento (1: 11,21).

O ICBR moderado foi obtido em *V. lecanii* @ 1,0 kg/ha + metil-o-demetão 0,012 por cento (1: 10,52), *M. anisopliae* @ 1,0 kg/ha + acetamipride 0,002 por cento (1: 9,77), *B. bassiana* @ 1,25 kg/ha + metil-o-demetão 0,012 por cento (1: 9,62), *M. anisopliae* @ 1,0 kg/ha + metil-o-demetão 0,012 por cento (1: 8,43), *V. lecanii* @ 2,0 kg/ha (1: 7,32).

O menor ICBR obtido em *B. bassiana* @ 2,5 kg/ha (1: 6,14) e *M. anisopliae* @ 2,0 kg/ha (1: 2,77) mostrou a relação custo-benefício mínima.

Assim, os resultados indicaram que o acetamipride 0,004 por cento e o metil-o-demetão 0,025 por cento foram considerados tratamentos mais económicos. Além disso, mostrou-se que a combinação de *V. lecanii* @ 1,0 kg/ha e diferentes insecticidas em meias doses também foi considerada eficaz e económica na gestão do pulgão da couve.

Quanto à eficácia, rendimento e economia dos diferentes tratamentos, o acetamipride 0,004 por cento e o metil-o-demetão 0,025 por cento foram considerados os tratamentos mais eficazes e económicos contra L. *erysimi* na couve. Foi também evidenciado com o apoio experimental que *V. lecanii* @ 1,0 kg/ha combinado com meia dose de acetamipride 0,004 por cento ou metil-o-demetão 0,025 por cento foram considerados insecticidas sintéticos eficazes e económicos e são recomendados para uma gestão ecológica de L. *erysimi* no ecossistema da couve.

O *B. bassiana* @ 2,5 kg/ha e *M. anisopliae* @ 2,0 kg/ha sozinhos mostraram pouca eficácia para suprimir a praga no campo, o que pode ser devido à não sincronização dos fatores bióticos favoráveis. No entanto, ele exibiu um sinergismo resultante junto com os inseticidas sintéticos, particularmente com o acetamipride. O bio-habit de *B. bassiana* e *M. anisopliae demonstrou a* sua capacidade de infetar o pulgão da couve quando enfraquecido pelos insecticidas específicos e provou ser um sinergista económico.

Considerando a eficácia e a economia dos insecticidas acetamipride 0,004 por cento, *V. lecanii* @ 1,0 kg/ha + acetamipride 0,002, *B. bassiana* @ 1,25 kg/ha + acetamipride 0,002, metil-o-demetão 0,025 por cento podem ser sugeridos para controlar esta praga e também para obter um bom rendimento. Tendência semelhante é também registada pelos vários investigadores aqui analisados.

4.2 Eficácia laboratorial de *B. bassiana*, *V. lecanii* e *M. anisopliae* isoladamente e em combinação com insecticidas contra *L. erysimi*

A bioeficácia de *B. bassiana, V. lecanii* e *M. anisopliae* isoladamente e em combinação com insecticidas contra *L. erysimi* foi confirmada em condições laboratoriais.

4.2.1 Um dia após o tratamento

Os dados (Quadro 7, Fig. 4 e Placa 3) indicaram que todos os tratamentos foram considerados significativamente superiores ao controlo no aumento da mortalidade ninfal após um dia de tratamento. O tratamento com acetamipride 0,004 por cento foi considerado significativamente eficaz e deu 69,33 por cento de mortalidade ninfal, o que foi igual ao metil-o-demetão 0,025 por cento que registou 68,00 por cento de mortalidade ninfal. Os próximos melhores tratamentos em termos de eficácia foram *V. lecanii* @ 1,0 kg/ha + acetamipride 0,002 por cento (52,00 %), que foi igual a *B. bassiana* @ 1,25 kg/ha + acetamipride 0,002 por cento (49,33 %), *M. anisopliae* @ 1,0 kg/ha + acetamipride 0,002 por cento (48,67 %). Os próximos melhores tratamentos em termos de eficácia foram *B. bassiana* @ 1,25 kg/ha + metil-o-demetão 0,012 por cento (48,00 %), que foi igual a *V. lecanii* @ 1,0 kg/ha + metil-o-demetão 0,012 por cento (46,67 %). Os próximos melhores tratamentos em sua eficácia foram *M. anisopliae* @ 1,0 kg/ha + metil-o-demeton 0,012 por cento, *V. lecanii* @ 2,0 kg/ha, *B. bassiana* @ 2,5 kg/ha, *M. anisopliae* @ 2,0 kg/ha (44,00, 20,00, 16,00, 12,00 %, respetivamente).

4.2.2 Terceiro dia após o tratamento

Os dados apresentados no Quadro 7 e representados na Fig. 4 indicam que todos os tratamentos foram considerados significativamente superiores ao controlo no aumento da mortalidade ninfal após o terceiro dia de tratamento. O tratamento com acetamipride 0,004 por cento foi considerado significativamente eficaz e deu 73,33 por cento de mortalidade ninfal, o que foi igual ao metil-o-demetão 0,025 por cento (72,00 % de mortalidade ninfal). Os próximos melhores tratamentos em termos de eficácia foram *V. lecanii* @ 1,0 kg/ha + acetamipride 0,002 por cento (60,00 %), que foi igual a *B. bassiana* @ 1,25 kg/ha + acetamipride 0,002 por cento (57.33 %), Os próximos melhores tratamentos em termos de eficácia foram *V. lecanii* @ 1,0 kg/ha + metil-o-demetão 0,012 por cento (57,33 %), que foi igual a *B. bassiana* @ 1,25 kg/ha + metil-o-demetão

Tabela 7. Mortalidade ninfal de *L. erysimi* com os biopesticidas isolados e as suas combinações com tratamentos insecticidas em condições laboratoriais

Sr. não	Tratamento	Mortalidade ninfal (%)				Média
		1 DAT	3 DAT	5 DAT	7 DAT	
1	*B. bassiana* @ 2,5 kg/ha	23.47* (16.00)	30.20 (25.33)	38.44 (38.67)	47.69 (54.67)	34.95 (33.67)
2	*V. lecanii* @ 2,0 kg/ha	26.57 (20.00)	31.08 (26.67)	40.01 (41.33)	51.56 (61.33)	38.30 (37.33)
3	*M. anisopliae* @ 2,0 kg/ha	20.09 (12.00)	25.57 (18.67)	28.41 (22.67)	36.06 (34.67)	27.53 (22.00)
4	*B. bassiana* @ 1,25 kg/ha + Acetamipride 0,002 %	44.62 (49.33)	49.22 (57.33)	54.74 (66.67)	56.38 (69.33)	51.24 (60.67)
5	*V. lecanii* @ 1,0 kg/ha + Acetamipride 0,002 %	46.15 (52.00)	50.77 (60.00)	56.38 (69.33)	58.09 (72.00)	52.84 (63.33)
6	*M. anisopliae* @ 1,0 kg/ha + Acetamipride 0,002 %	44.24 (48.67)	44.62 (49.33)	49.22 (57.33)	49.22 (57.33)	46.82 (53.16)
7	Acetamipride 0,004 %	56.38 (69.33)	58.92 (73.33)	62.51 (78.67)	64.61 (81.33)	60.60 (75.66)
8	Metil-o-demetão 0,025%	55.55 (68.00)	58.09 (72.00)	60.72 (76.00)	62.51 (78.67)	59.22 (73.66)
9	*B. bassiana* @ 1,25 kg/ha + Metil-o-demetão 0,012%	43.85 (48.00)	48.45 (56.00)	53.94 (65.33)	55.58 (68.00)	50.46 (59.25)
10	*V. lecanii* @ 1,0 kg/ha + Metil-o-demetão 0,012%	43.09 (46.67)	49.22 (57.33)	55.58 (68.00)	57.22 (70.67)	51.28 (60.67)
11	*M. anisopliae* @ 1,0 kg/ha + Metil-o-demetão 0,012%	41.55 (44.00)	42.32 (45.33)	47.68 (54.67)	47.68 (54.67)	44.80 (49.59)
	S.Em.±	0.90	0.81	0.94	1.17	0.96
	C.D. a 5 %	2.60	2.36	2.74	3.41	2.78
	C.V. %	4.15	3.40	3.52	4.11	3.80

*Transformação angular DAT = Dias após o tratamento Os valores entre parênteses são valores retransformados

0,012 por cento (56,00 %), os próximos melhores tratamentos em termos de eficácia foram *M. anisopliae* @ 1,0 kg/ha + acetamipride 0,002 por cento (49,33 %), *M. anisopliae* @ 1.0 kg/ha + metil-o-demetão 0,012 por cento (45,33 %), seguido por *V. lecanii* @ 2,0 kg/ha, *B. bassiana* @ 2,5 kg/ha, *M. anisopliae* @ 2,0 kg/ha (26,67, 25,33, 18,67 %, respetivamente).

4.2.3 Quinto dia após o tratamento

Os dados apresentados no Quadro 7 e representados na Fig. 4 indicam que todos os tratamentos foram considerados significativamente superiores ao controlo no aumento da mortalidade ninfal após o quinto dia de tratamento. O tratamento com acetamipride 0,004 por cento foi considerado significativamente eficaz e observou uma mortalidade ninfal de 78,67 por cento, que foi igual à do metil-o-demetão 0,025 por cento (76,00 % de mortalidade ninfal). Os próximos melhores tratamentos em termos de eficácia foram *V. lecanii* @ 1,0 kg/ha + acetamipride 0,002 por cento (69,33%), que foi igual a *V. lecanii* @ 1,0 kg/ha + metil-o-demetão 0,012 por cento (68,00%). Os próximos melhores tratamentos em termos de eficácia foram *B. bassiana* @ 1,25 kg/ha + acetamipride 0,002 por cento (66,67%), que foi igual a *B. bassiana* @ 1,25 kg/ha + metil-o-demetão 0,012 por cento (65,33%). Os próximos melhores tratamentos em sua eficácia foram *M. anisopliae* @ 1,0 kg/ha + acetamipride 0,002 por cento (57,33%), *M. anisopliae* @ 1,0 kg/ha + metil-o-demeton 0.012 por cento (54,67 %), seguido por *V. lecanii* @ 2,0 kg/ha, *B. bassiana* @ 2,5 kg/ha, *M. anisopliae* @ 2,0 kg/ha (41,33, 38,67, 22,67 %, respetivamente).

4.2.4 Sete dias após o tratamento

Os dados apresentados no Quadro 7 e representados na Fig. 4 indicam que todos os tratamentos foram considerados significativamente superiores ao controlo no aumento da mortalidade ninfal após sete dias de tratamento. O tratamento com acetamipride 0,004 por cento foi considerado significativamente eficaz e deu 81,33 por cento de mortalidade ninfal, o que foi igual ao metil-o-demetão 0,025 por cento (78,67 % de mortalidade ninfal). Os próximos melhores tratamentos em termos de eficácia foram *V. lecanii* @ 1,0 kg/ha + acetamipride 0,002 por cento (72,00 %), que foi igual a *V. lecanii* @ 1,0 kg/ha + metil-o-demetão 0,012 por cento (70,67 %). Os próximos melhores tratamentos em sua eficácia foram *B. bassiana* @ 1,25 kg/ha + acetamipride 0,002 por cento (69,33%), que foi igual a *B. bassiana* @ 1,25 kg/ha + metil-o-demeton 0,012 por cento (60,00%), seguido por *V. lecanii* @ 2.0 kg/ha (61,33 %), *M. anisopliae* @ 1,0 kg/ha + acetamipride 0,002 por cento (57,33 %), *M. anisopliae* @ 1,0 kg/ha + metil-o-demetão 0,012 por cento (54,67 %), *B. bassiana* @ 2,5 kg/ha e *M. anisopliae* @ 2,0 kg/ha (54,67, 34,67 %, respetivamente).

4.2.5 Média global

A média geral dos tratamentos (Quadro 7) indica que a maior mortalidade de ninfas de pulgão foi observada no tratamento com acetamipride 0,004 por cento (75,66 %) seguido de metil-o-demetão 0,025 por cento (73,66 %). Os próximos melhores tratamentos foram *V. lecanii* @ 1,0 kg/ha + acetamipride 0,002 por cento, *V. lecanii* @ 1,0 kg/ha + metil-o-demetão 0,012 por cento, *B. bassiana* @ 1,25 kg/ha + acetamipride 0,002 por cento, *B. bassiana* @ 1,25 kg/ha + metil-o-demetão 0.012 por cento, M. *anisopliae* @ 1,0 kg/ha + acetamipride 0,002 por cento, *M. anisopliae* @ 1,0 kg/ha + metil-o-demetão 0,012 por cento que registaram a mortalidade (63,33, 60,67, 60,67, 59,25,

Tabela 8. Resposta sinérgica de baixas taxas de biopesticidas fúngicos com doses sub-letais de insecticidas contra *L. erysimi*

53,16, 49,59 %, respetivamente). Os tratamentos de *V. lecanii* @ 2,0 kg/ha, *B. bassiana* @ 2,5 kg/ha, *M. anisopliae* @ 2,0 kg/ha registaram uma mortalidade mais baixa (37,33, 33,67, 22,00 %, respetivamente).

Analisando a eficácia no campo, o rendimento e a economia dos diferentes tratamentos, os tratamentos de acetamipride 0,004 por cento e metil-o-demetão 0,025 por cento foram considerados tratamentos mais eficazes e económicos contra *L. erysimi* na couve. Foi também evidenciado com o apoio experimental que *V. lecanii* @ 1,0 kg/ha combinado com meia dose de acetamipride 0,004 por cento ou metil-o-demetão 0,025 por cento foi considerado tão eficaz e económico como os insecticidas sintéticos e é recomendado para uma gestão ecológica de *L. erysimi* no ecossistema da couve.

Os resultados registados em condições de campo também foram observados em condições laboratoriais. Os resultados estão em conformidade com os de investigadores anteriores (Parmar *et al* 2008).

4.2.1.1 Resposta sinérgica

Para estudar a ação sinérgica de insecticidas e misturas de biopesticidas   fúngicos
, a mortalidade observada foi comparada com a contagem de mortalidade esperada. A resposta da combinação de *B. bassiana* (1,25 kg/ha) ou *V. lecanii* (1,0 kg/ha) ou *M. anisopliae* @ 1,0 kg/ha com acetamipride (0,002 %) ou metil-o-demetão (0,012 %) contra *L. erysimi* foi sinérgica ou antagónica (Quadro 8).

Tratamento	DAT	Mortalidade ninfal (%)		Resposta sinérgica
		Observado	Esperado	
V. lecanii @ 1,0 kg/ha + Acetamipride 0,002 %	1	52.00	42.18	Positivo
	3	60.00	47.75	Positivo
	5	69.33	60.24	Positivo
	7	72.00	66.24	Positivo
V. lecanii @ 1,0 kg/ha + Metil-o-demetão 0,012 %	1	46.67	43.79	Positivo
	3	57.33	48.87	Positivo
	5	68.00	55.59	Positivo
	7	70.67	70.68	Positivo
B. bassiana @ 1,25 kg/ha + Acetamipride 0,002 %	1	49.33	43.50	Positivo
	3	57.33	49.46	Positivo
	5	66.67	55.31	Positivo
	7	69.33	62.10	Positivo
B. bassiana 1,25 @ kg/ha + Metil-o-demetão 0,012 %	1	48.00	45.11	Positivo
	3	56.00	50.57	Positivo
	5	65.33	55.07	Positivo
	7	68.00	61.53	Positivo

DAT - dias após o tratamento.

A toxicidade do agente patogénico fúngico *B. bassiana* (1,25 kg/ha) ou *V. lecanii* (1,0 kg/ha) ou *M. anisopliae* @ 1,0 kg/ha com acetamipride (0,002 %) ou metil-o-demetão (0.012 %) foi considerado significativamente superior não só aos próprios agentes patogénicos fúngicos, mas também tão tóxico como os insecticidas sintéticos recomendados isoladamente, acetamipride (0,004 %) ou metil-o-demetão (0,025 %). Calculado com base nas contagens de mortalidade registadas, observou-se um sinergismo positivo até 5 dias, quando *V. lecanii* (1,0 kg/ha) foi misturado com acetamipride (0,002 %). A combinação de *V. lecanii* (1,0 kg/ha) + metil-o-demetão (0,012 %) foi positiva até 7 dias. A resposta da mistura contendo *B. bassiana* (1,25 kg/ha) + acetamipride (0,002 %) ou metil-o-demetão (0,012 %) foi positiva até 7 dias. Resultados semelhantes foram também registados por Parmar *et al* 2008.

4.3 Bioeficácia de biopesticidas fúngicos combinados contra *L. erisimi* em condições laboratoriais

A bioeficácia de *B. bassiana, V. lecanii* e *M. anisopliae* nas suas combinações contra *L. erysimi* foi estudada em condições laboratoriais (placa 4).

4.3.1 Um dia após o tratamento

Os dados apresentados na Tabela 9 e representados na Fig. 5 indicam que todos os tratamentos foram significativamente superiores ao controlo no aumento da mortalidade ninfal após um dia de tratamento. Entre todos os tratamentos, a maior mortalidade (18,67%) foi observada no tratamento de *B. bassiana* 2 g + *V. lecanii* 2 g por litro de água. Os próximos melhores tratamentos em sua eficácia foram *V. lecanii* 2 g + *M. anisopliae* 2 g por litro, *B. bassiana* 2 g + *M. anisopliae*

2 g por litro e *V. lecanii* 2 g + *M. anisopliae* 1 g por litro (16,00 %). Eles foram seguidos pelos tratamentos de *B. bassiana* 2 g + *V. lecanii* 1 g por litro e *B. bassiana* 2 g + *M. anisopliae* 1 g por litro (13,33 %). Enquanto os tratamentos, *B. bassiana* 1 g + *V. lecanii* 1 g por litro, *V. lecanii* 1 g + *M. anisopliae* 1 g por litro e *B. bassiana* 1 g + *M. anisopliae* 1 g por litro registaram 12,00, 9,33, 8,00 por cento de mortalidade, respetivamente.

4.3.2 Terceiro dia após o tratamento

Os dados apresentados na Tabela 9 e representados na Fig. 5 indicam que todos os tratamentos foram significativamente superiores ao controlo no aumento da mortalidade ninfal após o terceiro dia de tratamento. Entre todos os tratamentos, a maior mortalidade foi observada no tratamento de *B. bassiana* 2 g + *V. lecanii* 2 g por litro (56,00 %). O próximo melhor tratamento em termos de eficácia foi *V. lecanii* 2 g + *M. anisopliae* 2 g por litro (50,00 %), que foi igual ao tratamento *B. bassiana* 2 g + *M. anisopliae* 2 g por litro (48,00 %). Eles foram seguidos por tratamentos de *V. lecanii* 2 g + *M. anisopliae* 1 g por litro, *B. bassiana* 2 g + *M. anisopliae* 1 g por litro e *B. bassiana* 2 g + *V. lecanii* 1 g por litro, que mostraram 44,00, 42,67, 41,33 por cento de mortalidade, respetivamente. Enquanto os tratamentos de *B. bassiana* 1 g + *V. lecanii* 1 g por litro, *V. lecanii* 1 g + *M. anisopliae* 1 g por litro e *B. bassiana* 1 g + *M. anisopliae* 1 g por litro mostraram 30,67, 28,00, 25,33 por cento de mortalidade, respetivamente.

Tabela 9. Mortalidade ninfal de L. _erysimi_ em diferentes combinações de biopesticidas fúngicos em condições laboratoriais

Sr. não	Tratamento (g/l)	Mortalidade ninfal (%)				Média
		1 DAT	3 DAT	5 DAT	7 DAT	
1	_B. bassiana_ 2g +	25.57*	48.46	53.13	60.72	46.97
	V. lecanii 2g	(18.67)	(56.00)	(64.00)	(76.00)	53.66
2	_B. bassiana_ 2g +	21.37	40.00	44.62	47.68	38.42
	V. lecanii 1g	(13.33)	(41.33)	(49.33)	(54.67)	39.67
3	_B. bassiana_ 2g +	23.58	43.86	49.99	56.45	43.47
	M. anisopliae 2g	(16.00)	(48.00)	(58.67)	(69.33)	48.00
4	_B. bassiana_ 2g +	21.37	40.78	45.38	48.45	38.99
	M. anisopliae 1g	(13.33)	(42.67)	(50.67)	(56.00)	40.67
5	_V. lecanii_ 2g +	23.58	45.00	51.56	58.09	44.56
	M. anisopliae 2g	(16.00)	(50.00)	(61.33)	(72.00)	49.83
6	_V. lecanii_ 2g +	23.58	41.55	46.15	49.99	40.32
	M. anisopliae 1g	(16.00)	(44.00)	(52.00)	(58.67)	42.67
7	_B. bassiana_ 1g +	20.27	33.62	37.66	39.23	32.69
	V. lecanii 1g	(12.00)	(30.67)	(37.33)	(40.00)	30.00
8	_B. bassiana_ 1g +	16.43	30.20	35.26	37.66	29.88
	M. anisopliae 1g	(8.00)	(25.33)	(33.33)	(37.33)	25.99
9	_V. lecanii_ 1g +	17.71	31.95	36.06	38.44	31.04
	M. anisopliae 1g	(9.33)	(28.00)	(34.67)	(38.67)	27.67
	S.Em.±	0.60	0.84	0.66	1.09	0.80
	C.D. a 5 %	1.74	2.48	1.94	3.22	2.34
	C.V. %	5.23	4.03	2.80	4.28	4.08

*Transformação angular.   DAT = Dias após o tratamento.   Os números entre parênteses são valores retransformados.

4.3.3 Quinto dia após o tratamento

Os dados apresentados na Tabela 9 e representados na Fig. 5 indicam que todos os tratamentos foram significativamente superiores ao controlo no aumento da mortalidade ninfal após o quinto dia de tratamento. Entre todos os tratamentos, a maior mortalidade foi observada no tratamento de *B. bassiana* 2 g + *V. lecanii* 2 g por litro (64,00 %). Os próximos melhores tratamentos em sua eficácia foram *V. lecanii* 2 g + *M. anisopliae* 2 g por litro, *B. bassiana* 2 g + *M. anisopliae* 2 g por litro (61,33, 58,67 %). Seguiram-se os tratamentos de *V. lecanii* 2 g + *M. anisopliae* 1 g por litro, *B. bassiana* 2 g + *M. anisopliae* 1 g por litro e *B. bassiana* 2 g + *V. lecanii* 1 g por litro, que registaram 52,00, 50,67, 49,33% de mortalidade, respetivamente. Os tratamentos restantes, *B. bassiana* 1 g + *V. lecanii* 1 g por litro, *V. lecanii* 1 g + *M. anisopliae* 1 g por litro e *B. bassiana* 1 g + *M. anisopliae* 1 g por litro apresentaram 37,33, 34,67, 33,33 por cento de mortalidade, respetivamente.

4.3.4 Sete dias após o tratamento

Os dados apresentados na Tabela 9 e representados na Fig. 5 indicam que todos os tratamentos foram significativamente superiores ao controlo no aumento da mortalidade ninfal após sete dias de tratamento. Entre todos os tratamentos, a maior mortalidade foi observada no tratamento de *B. bassiana* 2g + *V. lecanii* 2 g por litro (76,00 %). Os próximos melhores tratamentos em termos de eficácia foram *V. lecanii* 2 g + *M. anisopliae* 2 g por litro, *B. bassiana* 2 g + *M. anisopliae* 2 g por litro (72,00, 69,33 %), seguidos pelo tratamento de *V. lecanii* 2 g + *M. anisopliae* 1 g por litro, *B. bassiana* 2 g + *M. anisopliae* 1 g por litro e *B. bassiana* 2g + *V. lecanii* 1 g por litro apresentaram (58.00, 56.00, 54.67 %). Os demais tratamentos, *B. bassiana* 1 g + *V. lecanii* 1 g por litro, *V. lecanii* 1 g + *M. anisopliae* 1 g por litro e *B. bassiana* 1 g + *M. anisopliae* 1 g por litro apresentaram 40,00, 38,67, 37,33% de mortalidade, respetivamente.

4.3.5 Média global dos tratamentos

A partir da média dos tratamentos (Tabela 9), a maior mortalidade (53,66%) foi observada no tratamento de *B. bassiana* 2 g + *V. lecanii* 2 g por litro. Os próximos melhores tratamentos em sua eficácia foram *V. lecanii* 2 g + *M. anisopliae* 2 g por litro, *B. bassiana* 2 g + *M. anisopliae* 2 g por litro (49,83, 48,00 %), seguidos pelos tratamentos de *V. lecanii* 2 g + *M. anisopliae* 1 g por litro, *B. bassiana* 2 g + *M. anisopliae* 1 g por litro e *B. bassiana* 2 g + *V. lecanii* 1 g por litro, que mostraram uma mortalidade de 42,67, 40,67, 39,67 por cento, respetivamente. Os demais tratamentos, *B. bassiana* 1 g + *V. lecanii* 1 g por litro, *V. lecanii* 1 g + *M. anisopliae* 1 g por litro e *B. bassiana* 1 g + *M. anisopliae* 1 g por litro apresentaram mortalidade ninfal de 30,00, 27,67, 25,99 por cento.

A partir das observações acima, todos os tratamentos mostraram uma mortalidade média que variou de 27,67 a 53,66%. A mortalidade ninfal mais elevada (53,66 %) foi registada na combinação de *B. bassiana* e *V. lecanii* na sua dose elevada de 2 g/l, seguida da combinação de *V. lecanii* + *M. anisopliae* e *B. bassiana* + *M. anisopliae* na sua dose elevada de 2 g/l (49,83 e 48,00 %). Enquanto as combinações dos três biopesticidas testados na dose baixa de 1 g/l mostraram uma mortalidade ninfal média de 27,67 a

30,00 por cento, seguido pelas combinações de *B. bassiana* 2 g/l + *V. lecanii* 1 g/l (39,67 %), *B. bassiana* 2 g/l + *M. anisopliae* 1 g/l (40,67 %) e *V. lecanii* 2 g/l + *M. anisopliae* 1 g/l (42,67 %). As combinações de *B. bassiana* + *V. lecanii* e *V. lecanii* + *M. anisopliae* na dose elevada de

2 g/l aumentaram a virulência das ninfas de *L. erysimi em* mais de 70 por cento após 7 dias de tratamento.

VI. RESUMO E CONCLUSÃO

O pulgão, *Lipaphis erysimi* (Kalt.) é uma praga grave da couve na Índia e noutras regiões tropicais do mundo. A sua forte incidência resultou em perdas de rendimento de 47,1 a 96,0 por cento. A sua gestão através de insecticidas sintéticos criou sérios problemas de resíduos e poluição, além de serem altamente tóxicos para os agentes polinizadores e os predadores coccinelídeos. Os fungos entomopatogénicos, *B. bassiana, V. lecanii* e *M. anisopliae* são mais seguros e mais adequados para o desenvolvimento de micoinseticidas, uma vez que a sua produção em massa é barata e formam conídios estáveis. Por conseguinte, foram efectuadas as presentes investigações sobre a bioeficácia destes três biopesticidas contra *L. erysimi* que infesta a couve. As conclusões importantes obtidas a partir destas investigações são resumidas neste capítulo.

5.1 Bioeficácia dos biopesticidas *B. bassiana, V. lecanii* e *M. anisopliae* contra *L. erysimi* em couve em condições de campo

A investigação sobre a eficácia no campo de biopesticidas isolados e em combinação com insecticidas indicou que o acetamipride 0,004 por cento e o metil-o-demetão 0,025 por cento foram considerados altamente eficazes para o controlo de *L. erysimi*, uma vez que registaram 0,46 e 0,63 índice de pulgões por planta, respetivamente. Eles foram seguidos pelos tratamentos combinados de *V. lecanii* @ 1,0 kg/ha + acetamiprid 0,002 por cento, *B. bassiana* @ 1,25 kg/ha + acetamiprid 0,002 por cento, *V. lecanii* @ 1.0 kg/ha + metil-o-demetão 0,012 por cento, *B. bassiana* @ 1,25 kg/ha + metil-o-demetão 0,012 por cento registaram 1,01, 1,14, 1,16, 1,30 índice de pulgões por planta, respetivamente.

Foi registada uma produção significativamente mais elevada de couve nos tratamentos de acetamipride 0,004 por cento e metil-o-demetão 0,025 por cento, que apresentaram uma produção de 223,33 e 214,67 qt/ha, enquanto as combinações de *V. lecanii* @ 1,0 kg/ha + acetamipride 0,002 por cento (qt/ha), *B. bassiana* @ 1,25 kg/ha + acetamipride 0,002 por cento (qt/ha), *V. lecanii* @ 1,0 kg/ha + metil-o-demetão 0,012 por cento, *B. bassiana* @ 1,25 kg/ha + metil-o-demetão 0,012 por cento, *M. anisopliae* @ 1,0 kg/ha + acetamipride 0.002, *M. anisopliae* @ 1,0 kg/ha + metil-o-demetão 0,012 por cento deram um rendimento de 202,50, 201,33, 200,50, 199,33, 191,00, 189,67 qt/ha, respetivamente. Os tratamentos isolados, *V. lecanii* @ 2,0 kg/ha, *B. bassiana* @ 2,5 kg/ha e *M. anisopliae* @ 2,0 kg/ha, deram um rendimento de 182,50, 180,00, 150,00 qt/ha, respetivamente.

O ICBR mais elevado foi obtido no tratamento com acetamipride 0,004 por cento (1: 20,96). Os próximos tratamentos económicos foram metil-o-demetão 0,025 por cento (1: 13,75), *V. lecanii* @ 1,0 kg/ha + acetamipride 0,004 (1: 12,38), *B. bassiana* @ 1,25 kg/ha + acetamipride 0,002 por cento (1: 11,21). O ICBR moderado foi obtido nos tratamentos com *V. lecanii* @ 1,0 kg/ha + metil-o-demeton 0,012% (1: 10,52), *M. anisopliae* @ 1,0 kg/ha + acetamiprid 0,002 % (1: 9.77), *B. bassiana* @ 1,25 kg/ha + metil-o-demeton 0,012% (1: 9,62), *M. anisopliae* @ 1,0 kg/ha + metil-o-demeton 0,012% (1: 8,43), *V. lecanii* @ 2,0 kg/ha (1: 7,32). O menor ICBR foi obtido no tratamento com *B. bassiana* @ 2,5 kg/ha (1: 6,14), e *M. anisopliae* @ 2,0 kg/ha mostrou a relação custo-benefício mínima (1: 2,77).

Considerando a eficácia, o rendimento e a economia dos diferentes tratamentos, o acetamipride 0,004 por cento, o metil-o-demetão 0,025 por cento, *V. lecanii* @ 1,0 kg/ha + acetamipride 0,002 ou *B. bassiana* @ 1,25 kg/ha + acetamipride 0,002 por cento foram considerados os tratamentos mais eficazes e económicos para o controlo de *L. erysimi* na couve. Os tratamentos de *V. lecanii* @ 1,0 kg/ha + metil-o-demetão 0,012 por cento, *M. anisopliae* @ 1,0 kg/ha + acetamipride 0,002 por cento, *B. bassiana* @ 1,25 kg/ha + metil-o-demetão 0,012 por cento, *M. anisopliae* @ 1,0 kg/ha + metil-o-demetão 0,012 por cento e *V. lecanii* @ 2,0 kg/ha, foram considerados comparativamente menos eficazes e económicos em comparação com os insecticidas sintéticos isolados. O *V. lecanii* @ 1,0 kg/ha + acetamipride 0,002, *B. bassiana* @ 1,25 kg/ha + acetamipride 0,002 por cento, foram considerados tão eficazes e económicos como os insecticidas sintéticos recomendados isoladamente (acetamipride e metil-o-demetão), e são recomendados para uma gestão ecológica de *L. erysimi* no ecossistema da couve.

5.2 Bioeficácia de *B. bassiana*, *V. lecanii* e *M. anisopliae* contra *L. erysimi* em couve em condições laboratoriais

A semelhança nos resultados foi obtida quando os dados foram comparados, que foram relatados no campo e assim também no laboratório.

De todos os tratamentos, o tratamento de acetamipride 0,004 por cento apresentou a mortalidade mais elevada (75,66%), seguido de metil-o-demetão 0,025 por cento (73,66%). Os próximos tratamentos melhores em termos de mortalidade foram *V. lecanii* @ 1,0 kg/ha + acetamipride 0,002 por cento, *V. lecanii* @ 1,0 kg/ha + metil-o-demetão 0,012 por cento, *B. bassiana* @ 1,25 kg/ha + acetamipride 0,002 por cento, *B. bassiana* @ 1.25 kg/ha + metil-o-demetão 0,012 por cento, *M. anisopliae* @ 1,0 kg/ha + acetamipride 0,002 por cento, *M. anisopliae* @ 1,0 kg/ha + metil-o-demetão 0,012 por cento registaram uma mortalidade de 63,33, 60,67, 60,67, 59,25, 53,16, 49,59 por cento, respetivamente. Os restantes tratamentos, *ou seja, V. lecanii* @ 2,0 kg/ha, *B. bassiana* @ 2,5 kg/ha, *M. anisopliae* @ 2,0 kg/ha apresentaram uma mortalidade de 37,33, 33,67, 22,00 por cento, respetivamente.

A resposta de sinergismo de baixas taxas de *V. lecanii* e *B. bassiana* com doses sub-letais de insecticidas contra *L. erysimi* mostrou que a mistura mais sinérgica foi *V. lecanii* (1,0 kg/ha) misturado com acetamipride (0,002 %). A combinação de *V. lecanii* (1,0 kg/ha) + metil-o-demetão (0,012 %) foi positiva até 7 dias. A resposta da mistura contendo *B. bassiana* (1,25 kg/ha) + acetamipride (0,002 %) ou metil-o-demetão (0,012 %) foi positiva até 7 dias.

5.3 Bioeficácia de biopesticidas fúngicos combinados contra *L. erysimi* em condições laboratoriais

Entre as diferentes combinações de biopesticidas fúngicos, o tratamento de *B. bassiana* 2 g + *V. lecanii* 2 g por litro apresentou maior mortalidade (53,66%). Os tratamentos seguintes, mais eficazes, foram *V. lecanii* 2 g + *M. anisopliae* 2 g por litro, *B. bassiana* 2 g + *M. anisopliae* 2 g por litro (49,83 e 48,00 %). Seguiram-se os tratamentos de *V. lecanii* 2 g + *M. anisopliae* 1 g por litro, *B. bassiana* 2 g + *M. anisopliae* 1 g por litro e *B. bassiana* 2 g + *V. lecanii* 1 g por litro, que registaram uma mortalidade média de 42,67, 40,67 e 39,67 por cento, respetivamente. Os demais tratamentos, *B. bassiana* 1g + *V. lecanii* 1g por litro, *V. lecanii* 1g + *M. anisopliae* 1g por litro e *B. bassiana* 1g + *M.*

anisopliae 1g por litro apresentaram mortalidade média de 30,00, 27,67, 25,99 por cento, respetivamente.

Entre as diferentes combinações de três biopesticidas, o *B. bassiana* combinado com *V. lecanii* em dose alta mostrou-se eficaz para aumentar a mortalidade ninfal de *L. erysimi,* seguido pelo *V. lecanii* combinado com *M. anisopliae* em sua dose alta. Assim, o *V. lecanii combinado* com *B. bassiana* ou *M. anisopliae* foi considerado mais virulento para *L. erysimi.*

REFERÊNCIAS

Anónimo, (2011). www.nhb.gov.in Base de dados da horticultura indiana (2010-11), 13 Dez, 2012.

Anónimo, (2004). Relatório anual de investigação. Culturas oleaginosas, principal estação de investigação de sementes oleaginosas, Universidade Agrícola de Gujarat, Junagadh, pp. 47-54.

Ashouri, A.; Arzanian, N.; Askary, H. e Rasoulian, G. R. (2004). Patogenicidade do fungo *Verticillium lecanii* (Zimm.) para o pulgão verde do pessegueiro, *Myzus persicae* (Homoptera: Aphididae). *Comunicações em Ciências Biológicas Agrícolas e Aplicadas*, **69** (3): 205-209.

Askary, H.; Carriere, Y.; Belanger, R. R. e Brodeur, J. (1998). Patogenicidade do fungo *Verticillium lecanii* (Zimm.) para afídeos e oídio. *Ciência e Tecnologia do Biocontrolo*, **8** (1): 23-32.

Aykroyed, W. R.; Patwardhan, V. N. e Ranganathan, S. (1962). Nutritive value of Indian foods. Govt. of India, pp. 146.

Bakhetia, D. R. C. (1986). Gestão de pragas em culturas crucíferas. *Pesticidas*, **20** (5): 32-38.

Basavaraju, B. S.; Sherief, R. A.; Raju Gopal, D. e Raju Gopal, B. K. (1995). Gestão integrada de pragas do afídeo na mostarda. *Current Research*, **24** (8): 148-149.

Bartlet, M. S. (1947). The use of transformation. *Biometrics*, **3**: 39-52.

Borad, P. K.; Patel, J. R.; Ratanpara, H. C. e Shah, B. R. (1991). Avaliação de alguns insecticidas quanto à eficácia relativa contra *Lipaphis erysimi* (Kalt). e *Helicoverpa armigera* (Hubner) na couve. *Indian Journal of Plant Protection*, **19** (2): 191-193.

Chandler, D. (1992). The potential of entomopathogenic fungi to control the lettuce root aphid, *Pemphigus bursarius*. *Phytoparasitica*, **20** (3): 11-15.

Chinnabbai, C. H; Devi, C. H. R. e Venkataiah, M. (1999). Bio-eficácia de alguns novos insecticidas contra o pulgão da mostarda, *Lipaphis erysimi* (Kalt.) (Aphididae, Homoptera). *Pest Management and Economic Zoology*, **7** (1): 47-50.

Dhaka, S. S.; Singh, G.; Malik, Y. P. S. e Kumar, A. (2009). Eficácia de novos insecticidas contra *Lipaphis erysimi* (Kalt.). *Journal of Oilseeds Research*, **26** (2):172

Dabhi, R. K.; Puri M. K.; Gupta H. C. e Sharma S. K. (1988). Resposta sinérgica de baixa taxa de *Bacillus thurigiensis* (Berliner) com dose sub-letal de inseticida contra *Heliothis armigera* (Hubner). *Indian Journal of Entomology*, **50** (1): 28-31.

Dilawari, V. K. e Atwal, A. S. (1987). Effect of cruciferous glucosinolates on probing pattern and feed uptake by mustard aphid, *Lipaphis erysimi* (Kaltenbach). *Actas da Academia Indiana de Ciências*, **96** (6): 695-703.

Dilawari, V. K. e Dhaliwal, G. S. (1988). Acumulação populacional do pulgão da mostarda, *Lipaphis erysimi* (Kalt.) em cultivares de crucíferas. *Journal of Insect Science*, **1** (2): 149-153.

Ekesi, S.; Akpa, A. D. e Ogunlana, M. O. (2000). Entomopatogenicidade de *Beauveria bassiana* (Balsamo) e *Metarhizium anisopliae* (Metchnikoff) para o pulgão do feijãofrade, *Aphis craccivora* (Koch) (Homoptera: Aphididae). *Archives of Phytopathology and Plant Protection*, **33** (2): 171-180.

Gami, J. M.; Bapodra, J. G. e Rathod, R. R. (2002). Controlo químico do pulgão da mostarda, *Lipaphis erysimi* (Kalt.) *Indian Journal of Plant Protection*, **30** (2): 180-83.

Gomez, A. A. e Gomez, A. A. (1984). Statistical procedure for agricultural research (Segunda edição). John Willy & Sons, Nova Iorque, pp. 301-304.

Hall, R. A. (1976). Controlo dos afídeos por um fungo, *Verticillium lecanii* (Zimm.), no âmbito de um programa integrado de pragas e doenças do crisântemo. *Actas da Oitava Conferência Britânica sobre Insecticidas e Fungicidas, Inglaterra,* **1**: 93-99.

Harper, A. M. e Huang, H. C. (1986). Avaliação do fungo entomófago *Verticillium lecanii* (Moniliales: Moniliaceae) como agente de controlo de insectos. *Environmental Entomology,* **15** (2): 281-284.

Harper, A. M. e Huang, H. C. (1987). Mortalidade de insectos da luzerna afectados por um fungo entomófago. *Research Highlights Lethbridge Research Station Agriculture Canada Alberta,* pp. 76-77.

Hayden, T. P.; Bidochka, M. J. e Khachatourians, G. G. (1992). Entomopatogenicidade de vários fungos em relação ao pulgão do grão inglês (Homoptera: Aphididae) e aumento da virulência com a passagem do hospedeiro *Paecilomyces farinosus*. *Journal of Economic Entomology,* **85** (1): 58-64.

Henderson, C.F. e Tilton, E. W. (1955). Test with acaricides against the brown wheat mite, *Journal of Economic Entomology*, **48** (2): 157-161.

Jackson, C.; W.; Heale, J. B. e Hall, R. A. (1985). Traços associados à virulência para o pulgão *Macrosiphoniella sanborni* em dezoito isolados de *Verticillium lecanii* (Zimm.). *Annals of Applied Biology*, **106** (1): 39-48.

Kumar, S.; Krishna, Mohan; Tripathi, R. A.; Singh, S. V. e Mohan, K. (1996). Eficácia comparativa e economia de alguns insecticidas contra o pulgão da mostarda, *Lipaphis erysimi* (Kalt.) na mostarda. *Annals of Plant Protection Sciences*, **4** (2): 160-164.

Mathur, Y. K. e Upadhyay, K. D. (1996). A Textbook of Entomology. Aman Publishing House, Meerut.

Miranpuri, G. S. e Khachatourians, G. G. (1993). Aplicação do fungo entomopatogénico, *Beauveria bassiana* (Balsamo) contra o pulgão verde do pêssego, *Myzus persicae* (Sulzer) que infesta a canola. *Journal of Insect Science*, **6** (2): 287-289.

Neerja, A.; Verma, R. K. e Rajak, S. K. (2005). Eficácia comparativa de alguns insecticidas químicos e à base de neem contra *Lipaphis erysimi* (Kalt.) na mostarda. *Farm Science Journal*, **14** (1): 22-24

Oatman, E. R. e Plantner, G. R. (1969.) Um estudo ecológico de populações de insectos em couve no sul da Califórnia. *Hilgardia*, **40** (1): 1-40.

Ozino, O. I.; Arzone, A. e Alma, A. (1987). Ação de *Verticillium lecanii* (Zimm.) Viegas e de três espécies *de Fusarium* sobre *Sitobion avenae* (F.). *Difesa Delle Piante*, **10** (2): 331-337.

Parmar, G. M. e Kapadia, M. N. (2007). Eficácia no terreno de micoinseticidas e insecticidas químicos contra *Lipaphis erysimi* (Kaltenbach) na mostarda. *Indian Journal of Plant Protection*, **35** (2): 339-341.

Parmar, G. M.; Kapadia, M. N. e Davda, B. K. (2008). Bio-eficácia e efeito cumulativo de *Verticillium lecanii* (Zimmerman) Viegas contra *Lipaphis erysimi* (Kaltenbach) na mostarda. *Revista Internacional de Ciências Agrícolas*, **4** (1): 204-206.

Parmar, G. M.; Kapadia, M. N.; Jadav, N. B. e Zizala, V. J. (2007). Perdas evitáveis devido a *Lipaphis erysimi* (Kalt.) na mostarda. *Asian Journal of Bio Science*, **2** (1/2): 73-75.

Patel, A. M. (1980). Biologia e controlo do pulgão da mostarda *Lipaphis erysimi* (Kalt.) na região de Saurashtra do Estado de Gujarat. Tese de Mestrado (Agri.) apresentada à Universidade Agrícola de Gujarat, Sardarkrushinager, pp. 56-58. (Não publicado).

Patel, B. S. e Patel I. S. (2010). Gestão ecológica do pulgão, *Lipaphis erysimi* (Kalt.) na cultura da mostarda. *Tendência em Biociências*, **3** (1): 91-92.

Pradhan, S. (1969). Insect Pests of Crops. National Book Trust, Nova Deli, Índia, pp. 11-12.

Rana, J. S. e Singh, D. (2002). Fungos entomopatogénicos, *Verticillium lecanii* (Zimm.) como potencial agente de biocontrolo contra o pulgão da mostarda, *Lipaphis erysimi* (Kalt.) em colza-mostarda. *Cruciferae Newsletter*, **24** (1): 97-98.

Ranarahu, A. R.; Senapati, B. e Mishra, B. K. (2004). Toxicidade persistente de alguns insecticidas combinados contra o pulgão da mostarda, *Lipaphis erysimi* (Kalt.). *Journal of Plant Protection and Environment,* **1** (1/2): 30-33.

Rangrez, M. A.; Wani, N. A. e Baba, Z. A. (2005). Economia da proteção da colza, *Brassica campestris* L., contra o pulgão da mostarda, *Lipaphis erysimi* (Kalt.). *Investigação Biológica Aplicada,* **7** (1/2): 10-13

Rohila, H. R.; Bhatnagar, P. e Yadav, P. R. (2004). Controlo químico do pulgão da mostarda com insecticidas mais recentes e convencionais. *Indian Journal of Entomology,* **66** (1): 30-32.

Sachan, J. N. e Bansal, O. P. (1975). Influência de diferentes plantas hospedeiras na biologia do pulgão da mostarda, *Lipaphis erysimi* (kalt.). *Indian Journal of Entomology,* **37** (3): 420-424.

Sachan, S. K.; Chauhan, A. S.; Singh, D. V. e Singh, H. (2006). Eficácia e economia de alguns insecticidas mais recentes contra o pulgão da mostarda, *Lipaphis erysimi* (Kalt.). *Indian Journal of Crop Science,* **1** (1&2): 168-170.

Sharma, P. L. e Bhalla, O. P. (1964). A survey study of insect-pests of economic importance in Himachal Pradesh. *Indian Journal of Entomology,* **26** (2): 318-331.

Sikha, D. e Borah, B. (1999). Eficácia no terreno de alguns insecticidas contra o pulgão da mostarda, *Lipaphis erysimi* (Kalt.). *Journal of the Agricultural Science Society of North East India,* **12** (1): 101-106

Singh, A. e Lai, M.N. (2011). Abordagens ecológicas para a gestão do pulgão da mostarda, *Lipaphis erysimi* (Kalt.). *Anais das Ciências da Proteção das Plantas*, **19** (1): 93-96.

Singh, R. K. e Verma, R. A. (2008). Eficácia relativa de certos insecticidas contra o pulgão da mostarda *(Lipaphis erysimi)* na mostarda indiana (*Brassica juncea*). *Jornal Indiano de Ciências Agrícolas,* **78** (9): 821-823.

Singh, Y. P.; Meghwal, H. P. e Singh, S. P. (2008) Avaliação de bioagentes contra o pulgão da mostarda, *Lipaphis erysimi* (Kaltenbach) (Homoptera: Aphididae) em condições de campo cobertas por uma rede. *Journal of Biological Control,* **22** (2):321-326.

Sitch, J. C. e Jackson, C. W. (1997). Eventos de pré-penetração que afectam a especificidade do hospedeiro de *Verticillium lecanii* (Zimm.). *Mycological Research,* **101** (5): 535-541.

Srivastava, S. K. e Jyoti Singh (2003). Gestão ecológica de pragas de insectos e doenças da mostarda. *Journal of Oilseeds Research,* **20** (2): 259-262.

Sukhova, T. I. (1987). O método biológico na estufa. *Zashchita Rastenii,* **2** (2): 37-38.

Suri, S. M.; Singh, O. P. e Rawat, R. R. (1988). Desenvolvimento de um programa de gestão de pragas em Brassica. *Pesticidas,* **7** (1): 30-38.

Vekaria, M. V. e Patel, G. M. (2000). Bioeficácia de plantas e certos insecticidas químicos e suas combinações contra o pulgão da mostarda, *Lipaphis erysimi* (Kaltenbach). *Indian Journal of Entomology,* **62** (2): 150-158.

Vekaria, M. V. e Patel, G. M. (2005). Eficácia comparativa de insecticidas botânicos e químicos contra o pulgão da mostarda *Lipaphis erysimi* (Kaltenbach) em condições laboratoriais. *Indian Journal of Entomology*, **67** (2): 182-184

Watt, R. L. e Merrill, G. S. (1964). Composição dos alimentos: Processed, prepared. Agriculture Handbook, No. 8, U. S. A. Dept. Agri, Washington, pp. 159.

Printed by Books on Demand GmbH, Norderstedt / Germany